超ロボット化社会

ロボットだらけの未来を賢く生きる

新山龍馬
NIIYAMA Ryuma

B&Tブックス
日刊工業新聞社

はじめに

わたしはロボット研究者です。四六時中ロボットのことを考えているせいで、世の中のことすべてをロボットに関連づけてしまいます。これもロボットになるのでは、あれもロボットといえるのではと、思考は止まりません。

本書では、現状のロボットがどれくらい使いものになるのか、これからどんなロボットが現れそうか、ロボットの専門家のひとりとして私見を述べています。描こうとしたのは、ロボット化が加速した末に、ロボットが意外なところにまで入りこんでくる未来像「超ロボット化社会」です。本当にそんな社会が来るのかなあ？と斜めに読んでもらってかまいません。ロボットがどのように社会に受容されるかという議論につながれば本望です。

未来を予想するのは難しいことです。「ジオデシック・ドーム」や「ダイマクシオン・カー」などの発明で知られるバックミンスター・フラーは、前兆をうまくとらえれば、25年先くらいならある程度正確に予測できると述べています。彼は、独自のデザイン科学を編み出し、テクノロジーによる問題解決を実践しました。

未来の兆しはあちこちで見られます。世の中のロボット技術について、現時点でのわたし自身の態度を決めておかないと2020年を迎えられないような気がして、本書に着手しました。人工知能の本もロボットの本もたくさん出ていますが、本書のように過去と現在と未来とファンタジーをつないだ本は珍しいのではないでしょうか。2025年くらいに本書を見返すと、どれだけ時代の先を読めていたか、どれだけ時代に流されていたか、答え合わせができるでしょう。

ところで、わたしの専門は、ソフトロボティクスという比較的新しい分野です。ソフトロボティクスは、柔軟材料を積極的に使い、その利点を活かしたロボットに関する学問です。これまでのロボットは、金属製の丈夫でかたい身体をもっていました。決まった形の部品をつかんだり、溶接をしたりするロボットはそれでよかったのですが、人間の隣で働いたり、人間と同じようにものをやさしく扱ったりするためには、やわらかさが必要になってきます。やわらかさを取りこむと、ロボットの作り方・設計・制御に新しい発想が必要になります。

人間の身体も、骨以外は筋肉や脂肪などのやわらかい組織からできています。タコやクラゲはさらにやわらかい身体をもっています。やわらかさを使いこなすという意味では、生物は一朝一夕では追いつけないような大先輩です。なので、ソフトロボティクスは、生物に学んだロボットの作り方、動かし方についての研究も含んでいます。一つの例は、人工筋肉で動く動物型ロボットです。わたしたちは、跳んだり走ったりする筋駆動ロボットを多数開発しています。また、ゾウの鼻のようなロボットも作っています。骨も関節もない、新しいタイプのロボットアームです。

本当だったらやわらかいロボットの研究について本1冊分話したいところですが、それは別の機会に譲り、本書では幅広くロボット技術を見わたそうとしています。ロボットの活用が、豊かな未来への鍵だと思うからです。

ただし、ロボット技術がすべての問題を解決するわけではありません。こう書くと、無責任に聞こえるでしょうか。本書の中でも、悲観的だったり、尊大に聞こえたりする部分がいくつもあると思います。ロボット愛ゆえに、どうしてもひとこと厳しいことをいいたくなってしまうのです。どうかご勘弁いただけると幸いです。

この本は最初、ロボットに「できない」ことを扱うはずでした。でも、できないことを書いても未来は広がらないと考え直し、もっと空想・妄想を広げて、これから「できそうなこと」をたくさん書くことにしました。ロボットが関わるテクノロジーの未来です。農業ロボットや物流ロボットなど、わたしが取り上げなくても放っておけば使われていくだろうロボットについては、あえて多くを語っていません。代わりに、忘れ去られようとしている過去のロボットや、見過ごされやすい人間の暮らしに関わることを多く取り上げました。簡単な技術史をあちこちに入れたのは、ここ最近の流行の技術だけ見ても、技術の潮流が見えないと考えたからです。ロボティクスはまだ成長期ですから、過大な期待で押しつぶさないように、でもいいところは評価して、暖かく見守って欲しいと願っています。

一を十にするのではなく、ゼロから一を作るのが、研究の醍醐味だと思います。本書で語られる未来のロボットのいくつかは、わたし自身が作り手です。その未来が実現するか否かはわたしのロボット研究が進むかどうかにかかっています。自らの専門分野を超えてロボットの将来を俯瞰することを試みたことで、今再び、自分の専門に立ち戻って本当に新しいことを深く研究していかなければという思いを新たにしています。わたしの本業は、やはり論評ではなく研究だからです。

本書の企画は日刊工業新聞社の土坂裕子さんがわたしのブログに目を留め、連絡をくださったことからはじまりました。出版の機会をいただけたこと、また、締切に遅れてばかりの執筆に辛抱強く付き合っていただいたことに、深く感謝申し上げます。増山慶彦さんには、未来のロボットを描くという難しい仕事をお願いしましたが、わたしのイメージを超えて、とても魅力的な表紙と挿絵を描いていただきました。本当にありがとうございました。最後に、脱稿の後に気が抜けていたわたしを見かねて、校正作業を全面的に手伝ってくれた妻の桂子に感謝。

２０１９年４月吉日　　新山　龍馬

新山龍馬

超ロボット化社会

ロボットだらけの未来を賢く生きる

目次

第二章　ロボットと働く

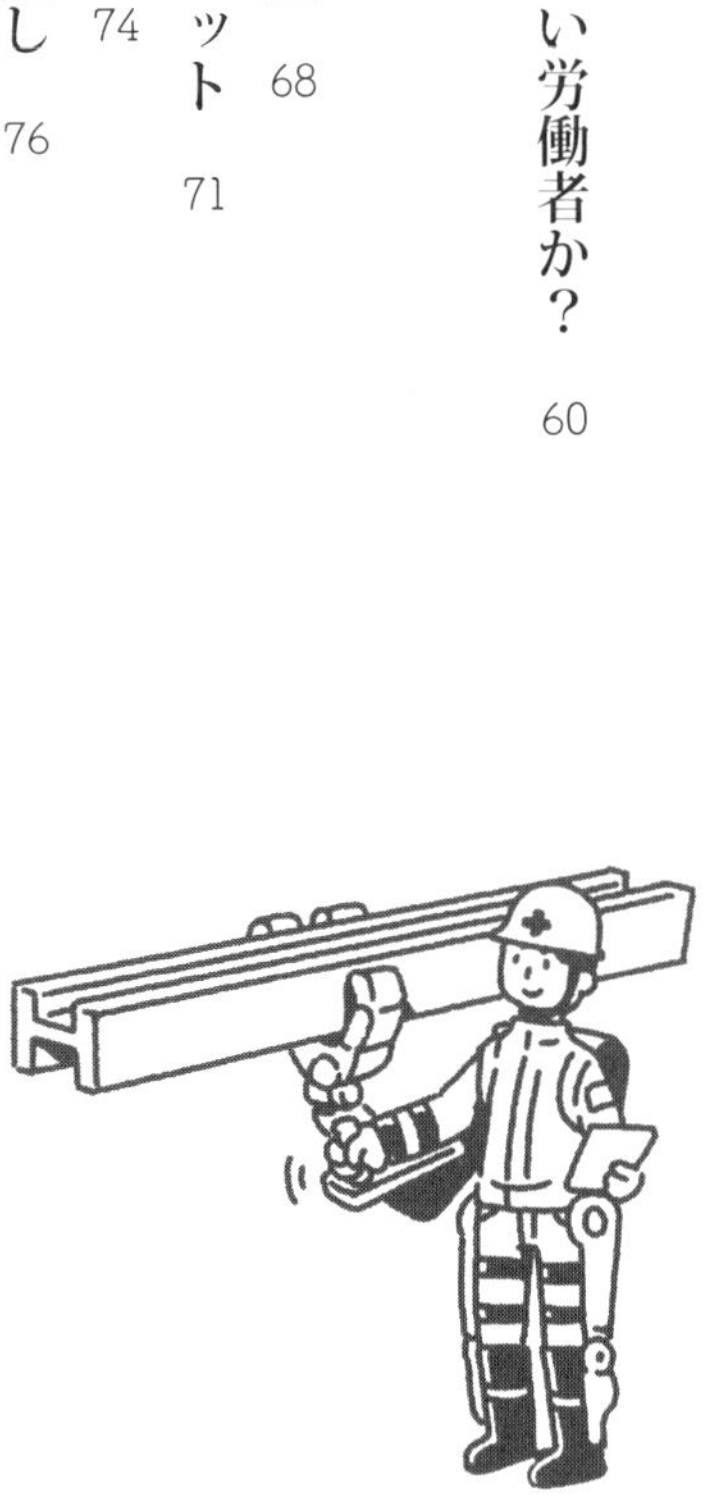

第三章　ロボットと遊ぶ

第四章　ロボットから学ぶ

カバーイラスト・挿絵　ますやま　よしひこ

序章

未来のロボット

数十年前に夢見た進歩的で便利な未来はいつの間にか身近になり、科学・技術への期待は変容しつつあります。

人工知能とロボットが合体して活躍する、新しい社会の兆しが見えます。

ロボットが参加する未来社会を描きなおしましょう。

レトロフューチャーを超えて

昔に描かれた、荒唐無稽な、でも夢のあるなつかしい未来が「レトロフューチャー」です。少年少女の好奇心を刺激する昔の未来予想図に描かれるのは、身体にぴったりのカラフルなスーツを着て、空飛ぶクルマに乗り、テレビ電話で会話する人たち。もちろん、ロボットも登場します。皿を拭くロボット、教師ロボット、地底探査ロボット、などなど。

未来予想図が活発に描かれた頃、1970年に開催されたのが大阪万博※です。動く歩道が人を運び、人間洗濯機が実演され、ワイヤレス携帯テレホンが体験できました。進歩が予感できた時代だったと思います。

つづく1980年代、産業用ロボットが急速に普及しました。1985年に開催されたつくば科学万博※には、たくさんのロボットが出演しました。わたしも見に行ったはずなのですが、残念ながら、幼かったのでよく覚えていません。でも、万博の後に整備されたつくばエキスポセンターで見た電子オルガンをひくロボット「WASUBOT※」には感心しました。

万博：世界各国が科学技術や国の姿を、展示品やイベントを通じて紹介する国際博覧会。1回目はイギリス・ロンドンで開催された。2025年の万博には、ロシア、アゼルバイジャンの候補を抑え、大阪誘致が決定した。

科学万博：正式名称は国際科学技術博覧会。つくば科学万博には2033万人以上が来場。跡地は科学万博記念公園として現存。

いつから、来るべき未来がレトロフューチャーに変わり、ノスタルジーを感じるようになってしまったのでしょうか。何十年も前に描かれた未来は、一部は実現し、一部は夢に終わりました。２０２５年、55年ぶりの大阪万博が開催予定です。再び未来を描き直さなければいけないのですが、未来を予測することは、パーソナルコンピュータの普及以降、なかなか難しいことになりました。いろいろな企業が未来ビジョンを映像化していますが、コンピュータ・グラフィックスで作る未来は、実現する気があるのかわからない絵に描いた餅も多い。また、問題提起の手段として描かれる未来は、危機感や嫌悪感をあおってセンセーショナルすぎます。

新しい未来の風景といえるものは、インターネットの世界でしょう。それはディスプレイの中に広がっています。Ｇｏｏｇｌｅストリートビューでは、その場に行かなくてもウェブブラウザから街の風景をぐるりと見渡せます。ポケモンＧＯでは、スマホ越しに、ポケモンが見つかります。

リアルに目を向けると、家の中や、都市の風景はそんなに変わっていないようです。電車に乗っている人の大半がスマートフォンを見ていることや、ブラウン管テレビが薄い液晶テレビに入れ替わったことが大きい出来事でしょうか。街には、空

ＷＡＳＵＢＯＴ：早稲田大学と住友電気工業によるヒト型ロボット。５本指の両手と、ペダルを踏む両足の四肢を備える。ＮＨＫ連続テレビ小説『半分、青い。』に登場する「ロボヨ」のモデル。

飛ぶエアカーも、ヒト型ロボットも見当たりません。

レトロフューチャーは、科学・技術への期待と豊かさへの羨望から生まれました。ちがう形でそれが叶った今、レトロフューチャーを追い求めることは、想像力の停滞ではないでしょうか。鉄腕アトムやドラえもん、ターミネーターやトランスフォーマー、これらは全て、数十年前に構想されたロボット像です。価値観がちがう時代に、他人が空想したロボットを追い求めていては先に進めません。

あこがれとはちがう目線で、新しい未来を描く時です。本書では、その輪郭を、ロボットにできないこと、できそうなことをあれこれ考えることで探っていきます。

ロボットと人工知能のちがい

ところで、本書は幅広いロボットを扱いますが、読み進む前にロボットと人工知能（ＡＩ）のちがいをはっきりしておいた方がいいでしょう。

ロボットと人工知能は、よく混同されます。人工知能が、ロボットとセットで登場することが多いからでしょうか。ロボット研究者は「ＡＩは人間を超えますか？」と質問されると悩んでしまいますし、人工知能研究者は「ロボットは人間を征服しますか？」と質問されると考えこんでしまいます。実は、人工知能を必要としないロボットもあるし、ロボットと直接関係のない人工知能の研究をしている人もいます。

大まかにいえば、ロボットは動く機械装置です。実体があって、移動したり、形を変えたりできます。一方で、人工知能は、人間の脳の働きをまねた、目に見えない情報処理の一種です。人工知能はコンピュータに宿り、ロボット以外にも、スマホや家電に搭載されることがあります。だから、「ロボット＝人工知能」ではないのです。

人工知能と対比して、人間が備えている知能をあえて名づけるなら、天然知能あるいは自然知能でしょうか。人間の場合、知能の座である脳を身体から分離するというわけにはいきません。人間の知能が身体と切り離せないものであることを強く意識して、脳科学からロボット開発まで幅広く手がける研究者もいます。わたしも、生物学から機械工学まで、必要だと思うところに頭を突っ込んで研究を進めています。なぜなら、個々の学術分野は、生物の知的なふるまいを理解するためにはあまりにも狭いからです。ロボット学は、総合科学です。

わたしは、ロボットと人工知能が混同されるのはいい傾向なのだろうと思っています。コンピュータとインターネットが結びついて発展した結果、コンピュータとインターネットのちがいを気にする人が減っているのと同様に、ロボットと人工知能がうまく融合しつつあることの証拠かもしれないからです。

知能とは、人間の知的な能力を包括的に指す言葉です。知能には、新しいことを学ぶ能力や、未知の環境で自ら問題を解決する能力、概念や数を操る能力などたくさんの意味が含まれています。お気づきのように、かなり人間中心的な概念です。言葉の成り立ちとしては、「~能」ですから「全能」や「放射能」に似ています。全能はなんでもできる能力、放射能は放射線を出す能力のことです。

知能は、無形の知的な機能ですから、本来であれば「人工知能と友だちになる」という言い方はできません。しかし「人工」がつくものは「人工臓器」や「人工衛星」のように大体は有形な人工物です。人工知能がコンピュータやロボットに宿った時、「人工知能と友だちになる」ことは可能でしょう。

知能を備えていることは、黙っていてはわかりません。必ずふるまいを通して現れます。例えばしゃべること。文字や音声で人間と対話できるコンピュータプログラムは、人工知能の一つの例です。言葉や声は、それなりの効果をもつものですが、「虎を捕まえろ」とスマートスピーカー※に頼んでも「それでは虎をデジタル化してください」と答えるくらいしかできません。そこでロボットの出番です。ロボットの強みは、実世界を自ら動き回り、実世界に直接干渉できることです。つまり、ロボットなら、リアルで虎をふん縛ることができます。

わたしが思うロボットの魅力も、まさに見て触ることができる実物であることです。目の前で、ロボットが、生き生きと動き、わたしたちの働きかけに反応するのを見るとワクワクします。ロボットを作っていると、この実世界に生きている実感が湧いてきます。

遠い未来、人間が丸ごとデジタル化されてインターネットに溶けこむのなら、ロボットはいらなくなるかもしれません。でも、人間が物理的な身体を手放すのは、数百年か千年か、かなり先になるでしょう。それまでは、人間は寝起きし、食事をし、けがや病気と付き合い、老いるでしょう。全部、物理的な作用です。それを手

スマートスピーカー：音声対話型のスピーカー。AIスピーカーとも呼ばれる。Amazon、Google、LINE、Appleなどが販売。

助けできるのがロボットなのです。

こわくない未来

日本は超高齢社会※に突入します。もちろん、高齢化は今にはじまったことではなく、それを見越して、福祉・介護機器は以前から研究されています。ベッドと車椅子の間を移動するための介護リフトや、見守りカメラシステムは実用化の例です。「ＷＨＩＬＬ※（ウィル）」のような、高い走行性能とかっこいい見た目の、車椅子に代わるパーソナルモビリティも販売されています。また、装着型のロボットスーツも試されています。ただし、当初想定されたような、全身を覆う超人スーツのイメージからは離れ、身体の一部をサポートするような安価でコンパクトなものが主流になりつつあります。

高齢化の一つの側面は、人口減少です。人口減少の局面で暮らしの豊かさを維持しようとしても、現状維持では人手不足で破綻します。社会保障費用の増大を乗り越えるためにも、技術の進歩による価値の生産性向上が強く望まれます。総生産が

超高齢社会：内閣府の「平成29年版高齢社会白書」によると、65歳以上の高齢者と15～64歳の現役世代の人口の比率は、１９５０年には1人の高齢者に対して現役世代12・1人、２０１５年には同2・4人、２０６５年には同1・3人。

WHILL：走行の安定性だけでなくスマートフォンで遠隔操作できるなど、従来の電動車いすの枠を超えた次世代パーソナルモビリティー。ＷＨＩＬＬが開発し、２０１４年に第1号製品を発売。

減っても、1人あたりの豊かさが減らないように、社会を変えていくのです。

例えば、3人でシェアしていた家に1人で住むことになったとしましょう。そのままだと、管理費用の負担が3倍になってしまいます。単純には、家を3分の1に縮小すれば、変わらない生活ができるでしょう。ついでに掃除ロボットを足せば、前より余裕のある生活ができます。単純でないのは、部屋の数は減らせても、共用のキッチンやトイレなどを3分の1にするのが難しいことです。

人口に応じて、インフラや社会システムを、ちょうどいい規模に調整することができれば、人が少なくなっても、少ないなりの豊かさを探していけるでしょう。スケーラブルな社会システムの設計が必要ということです。

楽にものを作り、楽にいいサービスを提供できるようにすること。そして、豊かさを感じる時間をもつこと。人手不足の解決策として、今まさにロボットを使った試行錯誤が進んでいます。製造業で人と近い距離で働く協働ロボットや、物流のロボット化倉庫などです。

超高齢社会というと、老人だけの社会、老人のためのサービスだけを思い浮かべがちですが、高齢者は相対的に多いだけで、子供はいつの時代も生まれます。高齢

化が進む時代にこそ、少子化対策や、子供の教育を重視すべきでしょう。人が減った社会で、いずれ生まれるであろう、満員電車を知らない子供たちのために、豊かな未来が必要です。

今、未来が悲観的に語られがちです。各現場での機能不全が目立ち、日本が斜陽国家になっていくという印象をもつのは無理ないかもしれません。人手不足、長時間労働、インフラの老朽化、需要に間に合わない医療・介護サービス、低下する食料自給率などの社会問題が解決しないまま迎える「こわい未来」です。

こわい未来への対処方法は、あきらめや慰めではなく、ポジティブな問題解決でしょう。テクノロジーで解決できることは、あまり多くないかもしれません。でも、いい兆しはあります。ロボット研究者として、ささやかながら、ロボットが参加することで作られる、こわくない未来を想像したいと思います。

第一章

ロボットに乗る

ドローンの台頭や、クルマや宇宙ロケットのロボット化から、
「乗る」ことの意味は単なる移動ではなくなってきました。
安全性や法律など、新しい乗りものを取り巻く環境は厳しいようです。
今、乗り物とロボットが出会い、何が起こっているのでしょうか。

宇宙ビジネスとロボット

　空を自由に飛びたいという夢を、人間は長年もち続けてきました。残念ながら、人間が「自力」で空を飛べるのは夢の中だけです。現実では「他力」に頼るほかありません。かつて有人動力飛行に成功したライト兄弟※が飛行機の実験に利用した「他力」は、強い風でした。彼らは、常に強い風が吹いている特殊な気象の土地を探しました。そうして見つけた、ノースカロライナ州の海岸にある砂丘キルデビルヒルズで、飛行実験を行いました。何かに挑戦する時、それを可能にする環境も大事です。

　わたしはマンガが大好きなので、いろいろマンガから引用しようと思います。手塚治虫のマンガ短編に『空気の底※』というシリーズがあります。内容は割愛しますが、空気の底とはつまり、我々が暮らしている地面のことです。海で最も深い場所はマリアナ海溝※の最深部で、深さ10キロメートルくらいと考えられています。マリアナ海溝の深さ8キロメートルの海底で、深海生物が確認されています。成層圏までの空気の厚みを考えると、わたしたちは深度50キロメートルの「気底」に暮

ライト兄弟：アメリカ出身の発明者であるウィルバーとオーヴィル。ライトフライヤー号で有人飛行に成功。ライト家には、ほかに兄が2人、妹が1人いた。

空気の底：手塚治虫のマンガ。講談社。1968年からの14作品の短編集。表題作はない。

マリアナ海溝：西太平洋のマリアナ諸島近くにある、世界一深い海。最深部は最南端に位置するチャレンジャー海淵。ちなみに、世界一高い山エベレストの標高は8848メートル。

らす「深気」生物、ということになります。水中を泳げる魚や、空中を自由に飛べる鳥とちがって、人間は空気の底を歩き回ることしかできません。ジャンプしてもせいぜい50センチメートルです。この厚い大気を見上げる閉塞感を考えると、空を飛びたい、宇宙に行きたいという欲望も無理はないでしょう。

人類は、空を飛ぶだけでなく、大気圏外にも到達しました。ライト兄弟が有人動力飛行に初めて成功したのは１９０３年、ガガーリンが有人宇宙飛行を行ったのは１９６１年です。わずか数十年でなんと大きな飛躍でしょうか。

宇宙船の中のような微小重力環境なら、人間も鳥や魚のように上下左右に飛び回れます。宇宙に行かないで微小重力を体験するには、自由落下するエレベータか、放物線飛行する飛行機に乗り合わせましょう。もちろんいうほど簡単ではないですが、両方とも、微小重力環境を作るために行われています。

観光目的の宇宙旅行なら日帰りがおすすめです。それは、特殊な旅客機に乗りこんで、どんどん高度を上げ、宇宙に数分滞在したら重力にまかせて降りてくるというものです。これを宇宙弾道飛行といいます。２００４年、スケールド・コンポジッツ社の航空機スペースシップワン※が、民間機としては初めて弾道飛行で宇宙

スペースシップワン：高度約１００キロメートルへの飛行を達成。母機に吊り下げられたまま離陸し、空中で切り離され、ロケットエンジンに点火する仕組み。

に到達しました。その技術を受けて、宇宙観光ビジネスを目指すヴァージン・ギャラクティック社は２０１８年に宇宙船ＶＳＳ Ｕｎｉｔｙ※によって有人宇宙飛行に成功しました。

　チケット代を高くすれば宇宙観光は成り立ちそうですが、重大事故が一度でも起こってしまったらと考えると、なかなか難しいビジネスです。宇宙観光はごく一部で、宇宙ビジネスはもっと広がりをもっています。

　かつて、宇宙開発は国の事業でした。いま、宇宙ロケットでアツいのは民間です。宇宙技術は国家機密で、ベンチャー企業が作れるようなものではない、という先入観がありませんか？「ロケットサイエンス」という言葉は、難しいことの代名詞としてジョークに使われるほどです。しかし、基礎技術は確立されています。ヒューマノイドロボットも、かつては国家プロジェクトで、限られた企業・研究室でしか作ることができませんでした。しかし、「二足歩行ロボット」に限れば、いまや世界中で作られています。

　現在行われているロケット打ち上げビジネスは基本的には宅配便です。宇宙に商業衛星を運びたい人たちがたくさんいるのです。大学や研究所でも、缶サット※と

ＶＳＳ Ｕｎｉｔｙ：民間宇宙飛行サービス用の宇宙機。高度約82キロメートルへの飛行を達成。

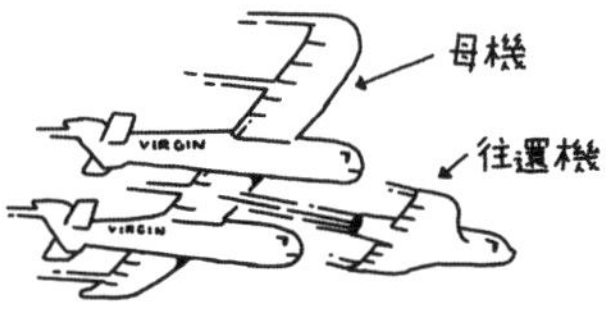

缶サット：空き缶サイズの模擬人工衛星。日本では２００８年から高校生が技術・想像力を競う「缶サット甲子園」が開催されている。

呼ばれる超小型衛星を作って宇宙に送りたいと思っています。でも、ロケットは、衛星一つを運ぶには高価すぎるので、相乗りするのが普通です。

アメリカ航空宇宙局（ＮＡＳＡ）の技術協力と投資を得たＳｐａｃｅＸが、衛星を宇宙に運ぶ民間宇宙ロケット会社の大手です。２０１６年４月、ＳｐａｃｅＸのファルコン９ＦＴ※と呼ばれる機体の１段目ロケットが、洋上の無人船への自動着陸に成功しました。これはロケットの再使用によるコスト減の第一歩でした。そして何より、自動着陸の映像は、ロケットもロボットになったのだと思わせる、とても「未来的」なものでした。

ロボット研究者としては、ロケットに乗りこむのは人間よりもロボットの方がいいだろうなと思います。やはり、宇宙は危険だからです。あるいは、ロケットがロボットになることです。

宇宙ステーションに人間が必要なのは、人間ほどの作業スキルを、現在のどんなヒューマノイドロボットも実現できないからです。そこで、なるべく器用なロボットを送りこんで、地上から人間が遠隔操作しようという試みもはじまっています。ロボットとの通信が途切れたり遅れたりすると困るので、宇宙インターネットの整

ファルコン９ＦＴ：高さ70メートル、直径３・７メートルの2段式ロケット。２０１０年に打ち上げを開始し、２０１８年３月に打ち上げ50回を成功。アトラス５のもつ最短記録を塗りかえた。

備も合わせて必要です。

宇宙に人間が行くべきかロボットが行くべきか、これは難しい議論です。ただし、合理的な判断と、好奇心は別です。飛行機に乗るのがこわくても、それを克服して到達した異国での体験は得難いものです。同じように、宇宙に行きたいという人間の好奇心は抑えがたいものです。宇宙でも、人間とロボットが一緒に働くことになりそうです。

空飛ぶクルマならもうありますよ

むかしむかし、空飛ぶクルマがありました……。

絶対温度の単位に名前が残る著名な物理学者ケルビン卿は、晩年「気球を使う以外に飛行方法があるとは思えない※」と述べて、王立航空協会への入会を断りました。その数年後、ライト兄弟は有人動力飛行を成功させ、凧を発展させた機械が飛ぶことを実証しました。

一方で、そのライト兄弟の弟、オーヴィル・ライトは「ヘリコプターという形式

ケルビン卿の言葉：1896年12月8日、ベイデン・ベイデン・パウエルへの手紙。J.L. Pritchard, Journal of the Royal Aeronautical Society, Vol 60, No.9, 1956. を参考。

オーヴィル・ライトの言葉：1934年1月10日、J. L. Heneverへの手紙。The papers of Wilbur and Orville Wright Volume Two, Marvin W. McFarland, Ed., McGraw-Hil, 1953. を参考。

は、垂直に離陸できる唯一の『空気より重い』機械だが、課題が多い。実用に至るのはずっと先だ※」と述べています。しかし、その数年後にはナチス・ドイツで世界初の実用ヘリコプターが開発されました。

　この二つの話から、SF作家アーサー・C・クラークの言葉が思い出されます。

「著名だが年老いた科学者が、何かを『可能』だと述べたらそれはきっと正しい。もし何かを『不可能』だと言ったらそれは大体まちがっている。※」

　歴史に学びましょう。空飛ぶクルマ、フライングカーは可能です。もっといえば、とっくの昔に作られています。空飛ぶクルマ、それはもはや未来のクルマではなく、クラシックカーの一種なのです。

　例えば、発明家モールトン・テイラー※による「エアロカー」は、1949年に初飛行を果たしました。エアロカーは道路を走れますが、見た目はほぼ小型飛行機でした。考えてみれば、飛行機には離着陸用のタイヤが付いていますから、空飛ぶクルマと呼べなくもない。エアロカーは、離着陸に長い滑走路が必要です。要は、自家用小型飛行機を所有できることと、空飛ぶクルマを持てることはほぼ同じです。ハードルが高くなりました。ちょっとがっかりですね。かつて、フォード社も

アーサー・C・クラークの言葉：Athur C. Clarke "Hazards of Prophecy: The Failure of Imagination", first published in Profiles of the Future (1962). を参考。

モールトン・テイラー：アメリカ出身。元海軍司令官。

空飛ぶT型フォードを目指して軽飛行機を開発していましたが、墜落事故の後、開発を打ち切りました。

やはり、小型飛行機を空飛ぶ車と言い張るのは無理があります。滑走路がいらず、その場で飛び立つことのできる垂直離陸機（VTOL機）がわたしたちの欲しい空飛ぶクルマだといえるでしょう。

実は、背負うだけで空中浮遊ができるジェットパックと呼ばれる装置が、1960年代に試されています。ベル・エアロシステムズ社が開発した「ロケットベルト」です。リュックサックのように背負う形で、スキューバダイビングのような大きなタンクが目につきます。立った状態からそのまま離陸できます。ロケットベルトの多数のデモンストレーションの中でも有名なのは、1984年のロサンゼルスオリンピックです。開会式の中で、空飛ぶ人間がフィールドを横断し、見事フィールド中央に降り立ちました。

多くの人を魅了したロケットベルトですが、流行することはありませんでした。現在、ジェットパックで通勤している人はいません。空の通勤ラッシュも起こりません。ロケットベルトの推進源は過酸化水素で、飛行時間が30秒未満という欠点が

あったのです。

一度は下火になりましたが、いま再び、人間が空を飛ぶ未来が試されようとしています。ジェット燃料を使う軽くて高出力なマイクロタービンが手に入るようになって、この動きが加速されました。例えば、ジェットパック・アビエーション社が開発するジェットパックの最新版「JB－10」は、約10分の飛行が可能です。ザパタ社が開発するのは、背負うのではなく乗るタイプの「フライボード・エア」で、約6分間飛ぶことができます。このザパタ社は、消防ホースに似た、水流ジェットによる水上アクロバット装置を開発した会社でもあります。手からジェットを噴出して飛ぶのは、グラビティ社の開発する「ダイダロス」です。映画『アイアンマン※』のスーツに似たスタイルは、かっこよさでは一番です。

未来は試され、過去になりました。しかし、空飛ぶジェットパックの夢は生き残っています。墜落しても大きなケガをしない海や湖で、空を飛ぶ新しいレジャーが生まれるかもしれません。一度あきらめた未来への挑戦は、今も続いています。

アイアンマン：2008年のアメリカ映画。監督はジョン・ファヴロー。マーベル・シネマティック・ユニバースシリーズの第一作。

空飛ぶタクシー危なくないか

航空機の動力は、長らくジェットエンジンが優勢でした。これからは、バッテリーを積んだ電動機の開発が盛んになりそうです。スイス連邦工科大学ローザンヌ校の有人ソーラープレーンのプロジェクト「ソーラー・インパルス」では、翼のソーラーパネルから飛行中に充電できる飛行機が試作されています。無給油でいつまでも飛び続ける航空機が登場するかもしれません。

電動の無人航空機、いわゆるドローンも、これまでのヘリコプターを置き換えていく可能性があります。マルチコプターと呼ばれる、複数のプロペラを使ったドローンは、操縦が簡単なので急速に普及しました。

日本のヘリコプターの登録機体数を調べてみると、1991年頃をピークに減っていて、現在は1000機にも満たない状況です。ヘリコプターを運用するには、ガレージや燃料はもちろん、訓練を積んだ人間のパイロットも必要で、維持管理コストが高いからでしょう。自動車の代わりに、一家に1台ヘリコプターという世の中は、実現していません。

マルチコプター（自律制御システム研究所製）

はじめの一歩として、救急医療用のドクターヘリや報道用ヘリコプター、防災ヘリが担っている機能の一部を、ドローンで補助することが有望そうです。例えば、医療ヘリコプターの代わりに、ドローンを使って移植用の臓器を目的の病院まで急いで運ぶことができるでしょう。初期消火や状況確認のために、ドローンが急行するのも効果的でしょう。ドローンの航続距離が長くなれば、報道ヘリも置き換えられそうです。

さて、空飛ぶタクシーというアイディアにはどう向き合えばよいでしょうか？ヘリコプターに取って代わるような、人が乗れる大型の電動マルチコプターがあちこちで作られはじめました。空飛ぶタクシーを作ろうと思ったら、その基礎技術はすでに整いつつあります。

もしも空飛ぶタクシーがパイロット不要の自動運転で運行できるなら、人件費の面で、路線バスや地上タクシーより少し有利です。ただし、自動運転による人件費削減によって、空を飛ぶために余計にかかる燃料代または電気代を補えるかは、不透明です。諸々のコストを考えると、空飛ぶタクシーは庶民の乗り物ではなさそうです。電車や旅客機のように、大量の人を一度に運ぶことはできませんから、料金は必然的に高くなります。ヘリコプターをチャーターするよりは安いかもしれませんが、地上タクシーには負けてしまうでしょう。

同じ自動運転であれば、空飛ぶタクシーよりも、地上タクシーを自動運転にする方が早いのではないかと思うかもしれません。しかし考えてみてください。すでにたくさんの人が働く業界で、タクシードライバーを不要にするロボットタクシーは歓迎されないでしょう。日本のタクシー車両数※は、調査によれば法人タクシーと個人タクシー合わせておよそ23万台です。ロボットタクシーは、地上で人間と戦うよりも、空を飛んだ方が活躍できるかもしれないのです。

コストと、既存の業界のほかに、空飛ぶタクシーの課題は、離着陸のためのポート設置です。タクシーの利点である家の前から目的地の前まで、という輸送は難しくなります。すごい風を吹かせて、歩道に人が乗った大型マルチコプターが降りてくるのは無理でしょう。現状では、プロペラが電線に接触する恐れがあるだけでなく、飛行場外離着陸を禁止する航空法にも抵触します。空き地やビルの屋上に、ちゃんとしたポートを設置するしかありません。騒音と風の問題があるので、病院のヘリポートのように屋上設置が望ましいでしょう。

日本のタクシー車両数：
国土交通省「ハイヤー・タクシーの車両数と輸送人員」より。

そうなると、空飛ぶタクシーは、観光地で見られる馬車や人力車のように、特別な体験をするためのマイナーな乗り物になっていくかもしれません。アトラクションとしては魅力的です。わたしも一度は乗ってみたい。

未来予想図の定番である空飛ぶクルマですが、普及するには特別な理由が必要になりそうです。阪神淡路大震災の時、陸路が混乱したため、ドクターヘリが活躍しました。陸路が寸断された時の非常手段。交通手段のない離島や山奥の探検は候補でしょうか。

ゾンビ映画には、よくヘリコプターで脱出するシーンが出てきます。空を飛ぶしか安全な移動手段がない世界は、そのようなディストピアです。わたしたちは、地上をのんびりドライブできることを感謝した方がいいのかもしれません。

ドローンってロボット？

神社仏閣を訪ねると、入り口に「ドローンお断り」の看板を見ることがあります。わたしはこういう風景が大好きで、未来がここにある、という気持ちで写真に撮ります。国の有形文化財になっているような木造建築と、テクノロジーの組み合わせは、おかしみと同時に未来が未来でなくなった時のリアルさを感じさせます。

まず、ドローンという言葉の意味を確認しておきましょう。カジュアルには、プロペラが複数あってホバリングできる「マルチコプター」のことをドローンと呼ぶことが多いのですが、それは不正確です。狭義のドローンは、自動操縦で飛ぶ無人航空機（UAV：unmanned aerial vehicle）を指します。ラジコン飛行機※は、人が乗れないので無人ではありますが、操縦者がリモコンから手を離すとすぐに落下するのでドローンとはいえません。市販されているマルチコプターは、コントローラから手を離しても高度と姿勢を保つ自律制御が働くので、ドローンと呼んでもいいでしょう。

ドローンが関係する法律の一つに航空法があります。航空法の対象はUAV全般です。これには、ラジコン飛行機や農薬散布用の小型ヘリコプターなども含まれます。

小型で飛ぶというだけなら、ラジコン飛行機には数十年の歴史があります。また、空中で停止するホバリングだけなら、昔からあるラジコンのヘリコプターでも

ラジコン飛行機：「ラジコン」は増田屋コーポレーションの商標のため、他社の商品としては「RC」や「R／C」が使われることが多い。

可能です。なぜマルチコプター型ドローンが特別扱いされているのでしょうか？

マルチコプターには、フライトコントローラと呼ばれる小型のコンピュータが載っています。そのフライトコントローラは、ジャイロセンサー※などからの情報に基づいて、自動で機体のバランスをとります。また、命令ひとつで、離陸して一定高さを保ったり目的の位置に着陸したりできます。この自律制御のおかげで、マルチコプターは簡単に飛ばすことができる、墜落しにくい航空機になりました。マルチコプターを空中で軽くたたいても、すぐに姿勢をたて直して飛び続けるくらい安定です。コンピュータの助けによって、誰にでも操縦できることが、ドローンの用途を爆発的に広げました。昔からあったラジコン飛行機やヘリコプターは、スティックやボタンがたくさんついたコントローラを巧みに操作する必要があり、素人に操縦できるものではなかったのです。

このような高度な機能を備えたマルチコプターは、自律ロボットの一種に分類してよいでしょう。空飛ぶロボットです。

ドローンは今、どのように使われているでしょうか。偵察？　荷物の配達？　実際のドローンの用途は、浮ついた話題に比べて、地味で地に足のついたものです。

ジャイロセンサー：角速度センサー。ものの回転を検知する。

騒音がひどいドローンが人に気づかれずに尾行なんかできるわけがないし、街中でのドローンの飛行は危ないので、許可申請が必要です。

ドローンが実際に使われている現場の一つは空中撮影です。空撮では、ドローンは「空飛ぶ三脚」として活躍しています。これは、大型の一眼レフカメラを運べるくらいに強力なモータと軽くて大容量のバッテリーが使えるようになったからです。撮影機材としてのドローンの地位は確立されつつあります。

今、活発に試作されているのは点検用のドローンです。トンネルの天井や大きな橋の裏など、人間が見に行くのは大変な場所がたくさんあります。問題は、点検中にドローンが突風などで墜落するかもしれないことです。電池が長くもたないのも不便です。ドローンにはひもをつけておくのがいいかもしれません。

マルチコプターの登場以前、実際に使われているドローンといえば小型無人ヘリコプターでした。用途は、田んぼや畑の農薬散布です。小型無人ヘリコプターは、トラクターや田植え機などの農業用機械の仲間です。マルチコプターが農機に仲間入りしたら、田畑の上を、トンボではなくドローンが飛び回る未来の田園風景が見られるでしょう。

やがて嫌われるドローン

あなたの頭の上に、何かが浮いているとしましょう。それが本1冊くらいなら落ちてきても平気です。電動ハブラシやヘアドライヤーであっても、けがくらいですみます。

頭上にあるのが空飛ぶ乗り物だとしたら？　街の上をバリバリうるさく飛んでいるヘリコプターの重量は約3トンです。もっと大きなジェット旅客機も頭上を飛んでいます。中型ジェット機であれば、重量は200トンくらい、そのうち数十トンは燃料で、人間とその荷物は20トンくらいです。頭の1メートル上に3トンのおもりを吊るしたら不安になりますが、数百メートル上空にあればあまり気にならないのが人間の心。宝くじに当たることは願っても、落ちてきたヘリコプターに当たるとは思いません。

マルチコプター型ドローンが普及して、無許可の違法な空撮や、墜落事故が目立つようになりました。無人飛行機が空を飛んでいる状況はもう現実です。ドローンもロボットの一種だと考えれば、年間数百万台も出荷されているロボットがあり、社会問題にもなっているということですから見すごせません。その安全について考えてみましょう。

日本で新型ドローンに対応した航空法の改正※が施行されたのは2015年でした。それまでは、新興のドローンも、河川敷で飛ばして遊ぶラジコン飛行機と同じ扱いだったわけです。法改正を後押ししたのは、ホワイトハウスにドローンが墜落した事件や、永田町の首相官邸にドローンが侵入した事件でした。どちらの事件でも、数万円で手に入る市販のマルチコプター型ドローンが、そのまま使われていました。

航空法の改正で、ドローンの飛行ルールが明確になりました。まず、人口集中地区※での飛行には国土交通省への申請と許可が必要になりました。自宅の庭であっても同様です。例えば、東京、大阪、名古屋の人口集中地区マップを見ると、市街地は全て飛行禁止区域であり、許可のない飛行はかなり郊外でないと難しいことがわかります。屋内の練習場か、郊外の屋外練習場を探す必要があります。

ドローンは、操縦者が直接ドローンを視認できなくても、電波が届く数百メートルの距離であれば、搭載したカメラから送られてくる映像を見て操縦できます。手

航空法の改正：2015年12月に改正。重さ200グラムを超えるドローンの飛行は、高さ150メートル以上の空域や空港などの周辺、人口集中地区の上空では禁止。これらのエリアで飛ばしたい場合、国からの許可が必要。

人口集中地区：Densely Inhabited District（DAD）は国勢調査の統計データに基づいて設定される地区。

放し運転ができるようにドローンを改造し、ＧＰＳ※情報などを利用して自動で数キロメートル飛ばすことも技術的には可能です。ドローンの目的がキャンディーを降らせることであれば平和ですが、不審物が空を飛んでくると考えたら脅威です。そこで、航空法では許可のない「目視外飛行」は禁止されています。ドローンが飛んでいたら、それを見守る操縦者が必ず近くにいるというわけです。

初めてマルチコプター型ドローンを目の前で見たら、最初の印象は「うるさい」だと思います。プロペラは、掃除機をたくさん並べたような、甲高い大きな音を出します。騒音は、逆に利点ともいえます。道路を歩いている時、エンジン自動車が後ろから近づくと音でわかります。電気自動車は、音が静かで歩行者が気づかないという欠点があります。ドローンも、盗撮や不法侵入に使われる可能性はあるのですが、今のところ、うるさすぎてすぐに気づかれるでしょう。

ところで、ドローンのプロペラの回転方向を気にしたことはありますか？　実は、半分は右回り、残り半分は左回りで、回転による反動を打ち消しています。だからマルチコプターのプロペラの数は偶数です。

ドローンのプロペラは高速回転するペーパーナイフみたいなものです。その回転

ＧＰＳ：アメリカ合衆国が運営する人工衛星を利用した全地球測位システム。日本版ＧＰＳとして準天頂衛星「みちびき」を利用した測位サービスが２０１８年11月に開始。現在、４機のみちびきが日本上空を周回。測位精度は最大センチメートル級で、自動運転やスマート農業などへの活用が期待されている。

速度は、風を送るだけの扇風機の比ではありません。スズメバチには怖がって近づかないような人が、平気でドローンに近づきます。危険性を知らないからです。家にある家電には、過去のたくさんの事故を受けて、幾重にも安全対策を施されていますが、新しいカテゴリの製品はまだまだ対策が未熟です。２０１８年、国土交通省が定める飛行ルールに、落下と接触によるけがを防ぐ条件が追加されました。イベントでドローンを飛ばす時には、その真下を立ち入り禁止にするとともに、プロペラガードの装備が必須になりました。

新しい技術が出ると、新しい遊びが出現します。ＹｏｕＴｕｂｅを探せば、ドローンのプロペラでニンジンやソーセージ、トマトを切り刻む映像が見つかります。そろそろ、ゾンビ映画に、ドローンが武器として登場する頃合いです。

鳥になる、虫になる

落ちると危ない、触ると危ないドローン。けれども、もっと活用するべきです。規制と禁止はちがいます。

ドローンの安全性を確保する方法は二つあります。一つは、旅客機やヘリコプターのように、位置を把握し、厳密に管制すること。もうひとつは、落ちてきても大丈夫なくらい小さく軽くすること。

現在のルールでは200グラム未満の軽量なドローンでは規制がゆるくなります。重いものを載せない用途ならマイクロドローンは有望です。ただし、現状の手のひらサイズのドローンは、バッテリーが小さいので飛行時間が短く、風のあおりを受けやすくなります。まだまだ技術革新が必要です。

ドローンがどんどん小さくなるとプロペラは効率の点でだんだん不利になり、手の平より小さいサイズでは羽ばたき型も選択肢に入ってきます。虫のように羽ばたくドローンも試されるでしょう。

ドローンはものを運ぶこともできますが、今のところ「空飛ぶ目」としての機能が先行しています。映画『アイ・イン・ザ・スカイ※』には、アメリカ軍の最新偵察ロボットがいくつか登場します。空を飛んでいるのは大型の航空機型ドローン、偵察対象の邸宅の門にとまるのはハチドリ型のはばたきロボット。どちらも実在します。

アイ・イン・ザ・スカイ：2015年のイギリス映画。監督はギャヴィン・フッド。副題は「世界一安全な戦場」。イギリス映画賞の脚本賞を受賞。

ハチドリは花の蜜を吸うためにホバリングしながら、花から花へ、器用に飛び回ります。ハチドリロボットを作るのは難易度の高い仕事です。小さくて軽いはばたき機構と、羽のひねりでバランスをとる高速な制御が求められます。次世代ドローンの一つの候補です。試作された例としては、エアロバイロメント社がアメリカ国防高等研究計画局（DARPA）の支援を受けて開発したナノ・ハミングバードがあります。

同じ映画で、家の中に入っていくのは甲虫型のはばたきロボット。これは架空のロボットです。ハチやチョウ、トンボ型のロボットが研究されていますが、現在の技術ではバッテリーや制御技術が追いついていません。劇中、甲虫ロボットは電波が届く範囲が狭いので、操縦者が危険を冒して近くに行かなければならないという設定でした。これはリアリティがあります。

ドローンがカナブンよりもさらに小さくなったらどうなるでしょうか。ゴマ粒ほどの大きさの昆虫では、もはや薄くて平たい翅を持たず、綿毛のような翅をもつものがいます。空気の粘性、つまりねっとりした性質の方が優勢になって、膜ではなく毛で済むようになるのです。これはタンポポなど、植物の種子の綿毛と一緒です。

綿ぼこりがドローンかもしれないとすると脅威を感じますが、制御やデータの読み取りをするためには数ミリメートルまで近づかなければいけないでしょうから、それほど怖くはないでしょう。

ロボット乗馬の楽しみ

人間が生まれてすぐに体験する乗り物は何でしょうか？　自動車か電車かと考えるのはつまらない。大人の腕が初めての乗り物と考えてみましょう。おんぶに肩車、赤ちゃんは乗り放題、個人にカスタマイズされたパーソナルモビリティ、あるいはプライベートモビリティとでもいえばいいでしょうか。

本田技研工業のヒト型ロボットＡＳＩＭＯ（アシモ）はAdvanced Step in Innovative Mobilityの略です。アシモにおんぶすれば、足のあるパーソナルモビリティが手っ取り早く完成です。アシモは何もいわないでしょうが、おそらくアシモを世話するホンダの人に怒られるでしょう。一歩を踏み出す前に、倒れるか壊れる

ASIMO

か。ヒト型ロボットは、大人ひとり、数十キログラムの荷物を背負うようには設計されていません。

アシモの語感は、SF作家のアイザック・アシモフ※を連想させます。アシモフはロボット三原則で有名ですね。ちなみにアシモフのアメリカでの発音はアズィモヴまたはアズィモフなので、海外ではASIMOを「アジモ」と呼ぶ人もいます。

ヒューマノイドロボット・アシモの発表が2000年です。ということは、2000年生まれの世代、今、高校生くらいの人たちが二足歩行を始めるより先に、アシモは二足歩行していたことになります。二足歩行に関していえば先輩です。

その後もアシモの改良は続けられ、台車を押してものを運んだり、手話を覚えたり、歩いている人を避けたりすることができるようになりました。一方、アシモと同い年の人間は、あらゆるスポーツを覚え、日本語と英語を読み書きし、人によってはロボットのプログラミングだってできるでしょう。成長し、自ら学ぶ力のすごさを感じます。二足歩行は人間の能力のごく一部で、ロボットには逆立ちしてもまねできないことがまだまだたくさん残っています。

アイザック・アシモフ： 1920〜1992年。アメリカの作家。代表作『われはロボット』に初めてロボット三原則が記載された。

さて、ヒューマノイドロボットにおんぶしてもらうのは、それほどバカげたことでもありません。少なくとも、楽しそうではあります。昔は、背負いかご、人力車という興味深い移動手段がありました。

乗れる二足歩行ロボットといえば、２００５年の愛知万博でトヨタ自動車のロボットショーに出演した搭乗歩行型ロボット「アイ・フット」があります。研究では、早稲田大学高西研究室で開発されたロボットＷＬ（Ｗａｓｅｄａ‐Ｌｅｇ）シリーズがあります。このロボットに乗る人はヘルメットをかぶっておとなしくしていなければいけません。けっこうグラグラするようです。

マサチューセッツ工科大学（ＭＩＴ）にかつて存在した脚ロボットの研究グループでは、ぴょんぴょん跳ねるロボットが作られ、馬の代わりに人間が乗った車をひくデモンストレーションを行いました。この研究グループは、ボストンダイナミクス社※の前身です。

今のＭＩＴには、チーターロボットを作っている研究室があります。研究室を主宰するサンベイ・キム教授は、学生の頃には壁を登るヤモリロボットを作っていました。チーターロボットを作った一つの理由は、ヤモリが小さすぎてものを運ぶ仕

ロボットWL−16

ボストンダイナミクス社：アメリカのロボット開発企業。１９９２年に設立。２０１３年にグーグル、２０１８年にソフトバンクグループが買収した。

事ができないことだそうです。チーターロボットに鞍をつけてまたがれば、かっこいい乗り物が誕生します。まあ、半分冗談かもしれません。乗り心地はあまりよくないでしょう。

現代において、馬車は滅び、移動手段として馬に乗ることはありません。それでも、賭博の一種である競馬を楽しむ人は多く、ジョッキーという職業があります。また、乗馬は趣味として生き残っています。乗馬フィットネス機器のＪＯＢＡという商品がヒットしたことも思い出されます。

脚のあるロボットに乗る趣味があってもいいでしょう。チーターロボットや恐竜ロボットを乗り回してみたくはないですか？

クルマがしゃべり出したら

自然言語、つまり、プログラミング言語ではなく人間が聞いて話す言葉で、人工物と対話することは普通になりました。スマートスピーカもスマホもそうです。現状のナビは、音声で道を教えてくれますが、人間のいうことは無視です。聞く耳を

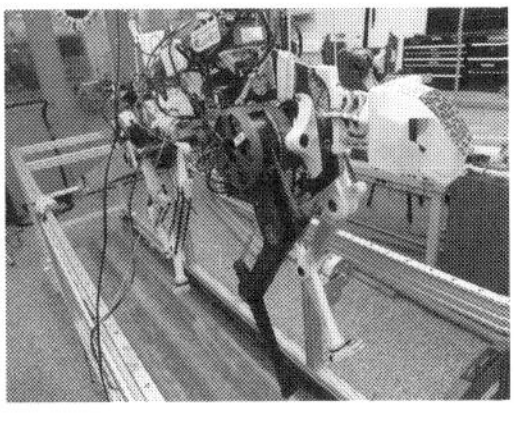
ＭＩＴのチーターロボット

持ちません。「次の信号を、右、です」というナビに「いや、もうちょっとまっすぐ行こうかな」といっても、「右、です」といった調子です。

しゃべるクルマが作られたとして、しゃべるクルマとしゃべらないクルマを人間が区別するにはどうすればよいでしょうか？　実はこれは大事な問題です。「知能的な何か」をプロダクトに組み込んだ時、ユーザーに正しくそれを伝えないと、いろいろな齟齬が生まれるからです。

わたしは実際、しゃべるクルマに会った時、ギョッとしてしまいました。それは自動車会社が作ったものではなく、ドイツの美術展でアーティストがクルマにセンサとスピーカを仕込んで、人が近づくとしゃべるようにしたものでした。そのびっくりは、トイレに入った時、座面がモータでウィーンと上がった時と近いでしょう。無人のはずのトイレで動きが起こったことに身構えたのです。もっと極端にいえば、人形がしゃべる、犬が人語をしゃべる、などはファンタジーにもホラーにもなるのです。

いいニュースは、これらは全部、慣れでなんとかなるということです。

電子デバイスの使い方は、箸の使い方や、ドアノブの回し方といった日常の知識と同じ扱いになってきました。タッチパネルをスワイプすることで、映像が動くことは、言葉をうまく話せない幼児でも習得できます。そのジェスチャは、コンピュータと対話する言葉の一つなのです。

新しい機械の使い方は、個人のスキルから、社会の常識に変わっていきます。公共空間を見るとそれがわかりやすいでしょう。ＩＣカード改札機の使い方講習会を受けた人はいないと思います。エレベータやエスカレータだってそうです。大阪万博で動く歩道が登場した時、乗り降りに不慣れな人がたくさんいて事故も起こりました。トイレの自動洗浄などは、「手をかざすと水が流れます」などと張り紙があることも多く、まだまだ常識にはなっていないようです。

新しい機械を使う時、ユーザーが１取扱説明書を読んでくれるとは限りません。むしろ、取扱説明書を読むということ自体が時代遅れです。ユーザーに使い方を直感でわからせることが大事です。それには、人間の認知能力にうまく訴えることです。

しゃべるクルマだと伝えるために、すぐに思いつく方法はクルマの擬人化でしょう。横長のラジエータと二つのヘッドライトがあるクルマのフロントを、顔に見立てることは自然です。これは、人間の顔を検出して、微妙な個性や表情を読み取るという、おそらく社会性動物として人間が磨いてきた認知能力を利用するということでもあります。クルマのデザインの中で、フロントはやはり「顔」であり、「いかつい顔」「やさしそうな顔」など印象が丁寧に与えられます。

マンガ『鉄腕アトム※』に描かれた未来（その時代設定は1980年！）には車輪がなくて浮いて飛ぶエアカーが出てきます。警察のエアカーは大きな犬の顔をしています。映画『カーズ※』では、わかりやすく大きな目と、口がついて、クルマがそのまま表情豊かなキャラクターになっていました。人間の顔はとてもやわらかいので、豊かな表情が出せます。クルマはかたいので、実際にはそんな変形できません。映画と現実のちがいはとても大きいのです。

イヌやネコは、眉毛や口唇がないこともあって、身体で気持ちを表します。よく動く耳やしっぽがそれです。表情に頼るのはサル的なやり方なのかもしれません。アーティストの八谷和彦※さんが試作したクルマ用のしっぽ「サンクステイル」が、は、2004年頃に製品化されました。それは、クルマの末尾に、本当に尾をつけるものです。

鉄腕アトム：手塚治虫の代表作の一つ。講談社。1952～1968年にマンガ雑誌『少年』で連載し、アニメ化。2009年には『ATOM』として映画化された。

カーズ：2006年のアニメ映画。ピクサーが製作、監督・脚本はジョン・ラセター。表情豊かな自動車が活躍する。ゴールデングローブ賞、アニー章など数々の賞を受賞。

八谷和彦：1966年生まれ。メールソフト「ポストペット」の開発者。『風の谷のナウシカ』に登場する飛行装置「メーヴェ」に似た1人乗り飛行装置などを開発。

しゃべるクルマにギョッとした話をしましたが、それは他ならぬ、わたしの人工物理解が原始的であることの表れです。タッチパネルに慣れ親しんだデジタルネイティブの子供が、テレビでもなんでもスワイプして操作しようとするのは自然なことです。しゃべる人工物に慣れ親しんだ子供は、きっと昔の家電にも「ヘイ！」と話しかけ、応答がなければ無視されたと思って、その無口な製品に「おーい、聞いてる？」と呼びかけるでしょう。

パーソナルモビリティのこれから

自転車も便利ですが、もっとコンパクトで動力もついた乗り物が模索されています。マンガ『ドラえもん※』のタケコプターは夢のパーソナルモビリティの例でしょう。映画『バック・トゥ・ザ・フューチャーＰＡＲＴ２※』には、車輪がなくてふわっと浮く「ホバーボード」が登場します。

浮遊するスケートボードは作れるでしょうか？　実は、もう作られています。２０１４年頃、ヘンド社がリアル・ホバーボードを発表しました。ただし、少し大

ドラえもん：藤子・Ｆ・不二雄のマンガ。小学館。１９６９年に『小学一年生』など小学館の学習雑誌で連載を開始。テレビアニメ、映画など展開。

バック・トゥ・ザ・フューチャーＰａｒｔ２：１９８５年のアメリカ映画。監督はロバート・ゼメキス。３部作のＳＦ映画。Ｐａｒｔ２で降り立った未来は２０１５年。

きめで、浮上するのは銅板かアルミニウム板を敷いた床の上に限られます。ちょっと期待したものとちがう印象ですが、それが技術的には現実的な解だったのです。ちなみに、都営大江戸線はリニアモーター※で動いているのですが、浮上していないものの、このホバーボードとよく似た原理を使っています。

いつでも、夢見たことと実際に作ることができたものの間には、ほんの少しの、でも決定的なちがいがあります。レトロフューチャーはあちこちで試され、厳しい現実を技術的・経済的に乗り越えたものは、生活に組み込まれています。例えば、動く歩道や携帯電話は今や普通に使われるものになりました。

パーソナルモビリティについては、乗り物を新しく発明するのではなく、新しい乗り方がいろいろ試されています。

自転車を短時間借りるバイクシェアのサービスが、２０１０年頃からヨーロッパやアメリカで急激に数を増やしました。駅で自転車の鍵を借りるような観光向けの小規模なレンタサイクルとちがうのは、スマホなどの情報インフラを使って無人で運営され、数百台以上の規模に対応できるくらいスケーラブルであることです。バイクシェアのスタンダードは、ポートと呼ばれる貸出・返却のための駐輪場所が街

リニアモーター：直線方向に作用する構造のモータ。１８００年代に原型が考案された。リニアモーターを採用した地下鉄を「リニアメトロ」という。大阪市営地下鉄長堀鶴見緑地線、福岡市営地下鉄七隈線、横浜市営地下鉄グリーンラインなども採用。

のあちこちにあって、ポートからポートまで乗るという形式です。

日本でも、NTTドコモのバイクシェア事業※が2015年に法人化され、さまざまな自治体で利用が始まりました。ここには「又貸し」に似た二重のシェアの構造があります。各自治体がバイクシェアのための自転車とソフトウェアプラットフォームを独自に調達・開発するのは大変です。事業委託によって、自治体が共通のプラットフォームをシェアしているのです。

バイクシェアは一見うまい仕組みですが、その裏側では、意外な重労働がサービスを支えています。まず、人の流れは均一ではありません。ポートごとに自転車の数が偏ることは日常茶飯事で、自転車が全くないポートや、自転車があふれるポートが出てきてしまいます。そこで、トラックが行き来して、人間が自転車を運んでいます。

使う側のマナーも問題になります。北京モバイク・テクノロジーが運営する世界最大手のバイクシェアサービス「モバイク」は、ポートではないところにも自転車を乗り捨てできる方式を採用していました。しかし、放置自転車が社会問題となって対応を迫られました。普通の自転車と区別できるように派手な色形にされたバイ

NTTドコモのバイクシェア事業：NTTドコモが開発したサイクルシェアリングシステムを使い、2010年に開始。2015年にはNTTグループ3社と合弁会社「ドコモ・バイクシェア」を設立。都内11区のほか、横浜、仙台などで18エリアで展開。システム提供も行っている。

クは、じゃまな場所に放置されていると目立ちます。

ドコモ・バイクシェアは電動自転車を使っています。これは坂のある都市での利用の大きなモチベーションとなりますが、1台あたりのコストは上がり、バッテリー充電の手間が大変です。

自転車の次に試されているのが、電動キックスクーターです。自転車よりも小型で、電動化によって機動力もあります。アメリカ西海岸では、キックスクーターのシェアサービスが「バード」や「リフト」「ウーバー」など、複数の事業主によって試されています。電動自転車とあまりちがいがないように見えますが、充電してくれたユーザーに払い戻しをするという仕組みによって、充電の手間をユーザーにうまく押しつけるなど、ビジネスモデルにあれこれ工夫があります。ただ、キックスクーターは自転車よりも車輪が小さく、段差や溝に弱い乗り物です。その割にスピードが出るので、安全性が問題になっています。

日本では、2001年に発表された古参のセグウェイ※でさえ、特区での運用にとどまっています。サイドミラーやナンバープレートをつけて、公道を走れるようにした電動キックボードもありますが、自転車のような気軽さはありません。事故

セグウェイ：セグウェイが開発した電動立ち乗り二輪車。2003年に一般発売された。日本では実証実験以外で公道走行はできないが、私有地などでセグウェイツアーが開催されている。

を起こさない最善の方法は、新しい乗り物に乗らないこと、というわけです。それはその通りですが、パーソナルモビリティの新しい潮流に乗り遅れる心配があります。

都市の中のパーソナルモビリティは、まだ過渡期にあります。2025年には、ここで挙げたサービスは全て忘れ去られているかもしれません。

わたしが夢想するのは、西遊記にある雲に乗る仙術や、それにヒントを得たマンガ『ドラゴンボール※』の筋斗雲のような乗り物です。超高齢社会で、手動の車は「走る凶器」として再び社会問題になるでしょう。自転車も、二輪で不安定なのでまだ危ない。パーソナルモビリティは、雲のようにやわらかく安全で、ロボット化されることで馬のように自律的にふるまい、事故を起こさない乗り物になってほしいと思います。

ドラゴンボール：鳥山明のマンガ。集英社。1984年に『週刊少年ジャンプ』で連載を開始。テレビアニメ、映画、ゲーム、ゲーム、フィギュアなど、多分野で展開。国内外で人気が高い。

第二章

ロボットと働く

ロボットの起源は、人間の代わりに働く人造人間です。
職場にロボットが入ってきた時、どう接すればよいでしょうか？
ロボットに仕事を教えるのは、それなりに大変です。
ロボットビジネスの変化は、公共空間のルールにも影響を与えるでしょう。
人間の働き方も変わりそうです。

働くロボットの反乱

ロボットという言葉は、今からおよそ100年前、1920年に書かれたカレル・チャペック※の戯曲※『R.U.R.』で初めて登場した造語です。この言葉を考案したのは、作者であるカレル・チャペックの弟の画家ヨゼフ・チャペックでした。

この物語に登場するロボットは金属製の機械人形ではなく、「生きた物質」で作られた人造人間です。肉と骨があり、各種臓器や血管、脳神経も備えています。作り方は、容器の中で成長させるような生物的な方法ではなく組み立て式。人間にそっくりですが、つくりは簡略化されており、労働のために役に立たない機能は省かれています。とくに生への喜び、生への執着がないという点で人間と大きくちがいます。ロボットのおかげで、人間は労働から解放されますが、同時に、世界中で子供が全く生まれなくなります。そして、ロボットの反乱が起こり、人類は滅亡の危機に直面します。その後の人類の行く末が知りたい方は、ぜひ邦訳を読んでみてください。

この物語で、ロボットは人間を物質的な貧しさや労働から解放するという理想に

カレル・チャペック：1890〜1938年。チェコの作家、劇作家。代表作『R.U.R.』『山椒魚戦争』はSFの古典的傑作といわれている。

戯曲：演劇の台本のように台詞とト書きで書かれた文学形式。『R.U.R.』は実際に演劇としても上演された。

(『ロボット(R.U.R.)』チャペック作、千野栄一訳、岩波書店)

基づいて作られました。しかし実際には、ロボット会社の株主やロボットを注文する人たちがその理想のために動いているわけではありませんでした。コストカットのためにあらゆるところにロボットを配備し、ロボット会社はリスクを気にせず需要に応じてロボットを作り続けました。結局、ロボットが反乱を起こした時には為す術がなかったのです。

『R.U.R.』の主題を、単にロボットの脅威と解釈してしまうのは早計です。ロボットの存在は労働とは何かを考えさせます。また、ロボットは人間を怠惰にする大量生産プロダクトのメタファーにもなっていると思われます。

自我が芽生えるロボットはマンガにも登場します。ロボットマンガの傑作の一つ、楳図かずおの『わたしは真悟※』です。ある時、小学生の悟《さとる》と真鈴《まりん》の遊び相手だった産業用ロボットが意識をもち、工場を脱出します。そのロボットは、悟と真鈴を生みの親と考え、自らを「真悟」と名づけます。ロボットは、人間に追われ、自らの運命について悩みながら、生みの親の元にたどり着こうと努力します。ロボット「真悟」は、姿こそは当時の古い型の産業用ロボットですが、人間の業を問う壮大な物語の主人公です。

わたしは真悟：楳図かずおのマンガ。小学館。1982〜1986年に『ビッグコミックスピリッツ』で連載された。2016年には高畑充希と門脇麦主演でミュージカル化。

現実には、『R．U．R．』のようにヒューマノイドロボットが反乱を起こしたとしても、きっと歩いているだけでバッテリーはすぐ切れてしまいます。また、残念ながら日本に数十万台ある産業用ロボットは反乱するほど賢くないし、「真悟」のように固定ボルトを自らゆるめて工場から脱出したりはしません。

ということで、当面はロボットが反乱を起こす危険性は気にせず、同僚としてロボットとどう一緒に働いていけるか考えるのがよいでしょう。

ロボットは賃金のいらない労働者か？

反乱を起こすか否かはさておいて、まずは仕事の現場にどうしたらロボットを導入できるかを考えてみましょう。まず、人間のようにロボットを「雇う」ことはありません。働くのはあくまで人間の暮らし・活動の一つ。ロボットには暮らしも喜びもありませんから、賃金をもらって働く主体ではないのです。

では、お金を受け取ることも使うこともできないロボットは、タダ働きをしてくれる労働者かというと、もちろんそんなことはありません。ここまで、あえてロボットを擬人化して話してきましたが、実際に使われている産業用ロボットはもちろんヒト型ではありません。人間とロボットは交換できません。事業主の目線でいえば、産業用ロボットは機械設備。ロボットの導入は、人の雇用ではなく設備投資となります。

ロボットが最初に値づけされたのは、やはりロボットという言葉が初めて使われた『R．U．R．』。服を着せた1体で120ドルとあります。1920年当時ですから、現在の価格にして数十万円の価値でしょうか。最初は1万ドルもしたとも書かれているので、ロボットが工場で量産できるようになってかなり安くなったことがうかがえます。当時、フォード社のT型自動車※が400ドル程度だったので、それよりもずいぶん安い価格です。それでいて、2人と半人前の労働力がまかなえるという設定ですから、本当に発売されていれば大ヒットしたのではないでしょうか。

価格がいくらにしても、ロボットという機械設備を導入するには資金が必要で、キャッシュが用意できなければ、融資を受けて金利も追加で払う必要があります。設備投資費用は、会計上は減価償却費として固定費になります。ロボットを「雇う」と、人件費に相当する経費がかかるわけです。しかも、ロボットは休暇をとる

T型自動車：フォード社は1908年にT型と呼ばれる廉価な機種を生産開始した。コンベヤー組み立て方式を導入するなどして、1920年には発売当初の半額まで価格が引き下げられた。

わけでも、早期退職するわけでもなく、法定の耐用年数まで「終身雇用」です。

現在、ロボットは安い買い物ではありません。例えば大型の産業用ロボットアームは1台で1000万円を軽く超え、お手頃なロボットアームでも300万円くらい。しかも、この値段で腕1本しか買えません。ロボットハンドもロボットビジョンも別売りです。この価格の高さから実際の現場、とくに小規模な事業では、なかなか導入が進んでいないのが現状です。

ロボットの活用を推進すべく、ロボットの導入をサポートする政府の導入助成補助金※がありますが、それだけではロボットが当たり前に使われる世の中にはなっていきません。メーカーがロボット自体を安くする努力はさらに続くでしょう。ロボットの派遣会社、つまり必要に応じてレンタルする仕組みや、中古ロボット市場が整っていくといいと思います。猫の手も借りたいという時に、ロボットの手を借りるわけです。

ちょっとしたオートメーションには、おもちゃのロボットのプロ版くらいがちょうどいい用途もあるでしょう。高価なヒューマノイドロボットがかっこよく働く必要はありません。近い将来、どんどん安いロボットアームが出てきて、ボタンを押

大型の産業用ロボット（ファナック製）

政府の導入助成補助金：例えば、2018年に施行された「生産性向上特別措置法」における「先端設備等導入計画」では、産業用ロボットやそれに伴う器具・備品などに対し、旧モデル比年平均1パーセント以上生産性が向上する設備が対象となる固定資産税の特例措置がある。

すだけとか、つまらないかもしれないけれど重要な仕事をしてくれることでしょう。

職人ロボット

オートメーションが進むと、人間の仕事をどこまで機械で代替できるのか、という問いが浮上します。ロボットが広く使われるようになった時、ロボットに仕事を奪われた人間の存在意義はどうなるのでしょうか。また、ロボット化できるはずの仕事をする人間のやる気や自尊心はどうすれば保てるのでしょうか。いよいよ考える時がきています。いやいやロボットなんかに「人間さま」の職人技を再現することなんかできない、と思う人もいるでしょう。しかし、その考えはちょっと危険です。ロボットどう受け入れたらいいのかを考えてみましょう。

バイオ系の研究分野では、長時間の単純作業に従事する研究員の働き方が問題になっています。ピペット作業がその苦役の象徴です。ピペットというのは液体を決まった量だけ吸って出す実験器具です。理科で登場するコマゴメピペットよりも高級で正確なマイクロピペットが使われます。これを使った作業は実験の基本で、必要不可欠なのですが、とにかく繰り返しが多くて時間がかかります。知的な作業に従事しているはずが、見た目としてはピペット作業をひたすら繰り返しているように見えてしまうのです。

不思議なことに、ピペットで液体を計り取るとか、細胞を培地に撒くという、一見単純な作業でも、個人差が出ます。ほんの少しのちがいが実験の成否を分けるほどです。だから、機械的な作業に見えても、ロボットにまかせるのが意外と難しい作業です。

これは、後継者不足に悩む技術系の中小企業の問題とも共通しています。たしかに、人間のスキルは、磨いていくことで信じられないほどの高みに到達できます。そのスキルの獲得過程を、ちゃんと長期プログラムにして、新人を育成している組織はすばらしい。一方、どんなに神業だったとしても、誰にも引き継がれていないスキルは知識化できずにやがて途絶えてしまいます。それは、「日本の強みは、機械にできないことをする職人がいること」という主張の危うさでもあります。

こうした問題に対し二つの道があります。一つは、ロボットにできない繊細な作業を人間だけのノウハウのままにすること。もう一つは、そういった作業のコツを暗黙知※とせずに苦労してでもロボットに再現させる努力をすることです。前者は、技術への投資は不要ですが、コツを言語化・数値化する機会を逃すことになります。

ロボットにできることはロボットにやらせる努力をしよう、人間はロボットを使えるようになろう、とわたしは呼びかけていきたいと思います。

ロボットの持ち腐れ

ロボットは放置しても腐りませんが、暇なロボットは家に帰るわけでもなく、ただ仕事場でじっとしています。

ある工場の見学に行った時のことです、立ち並ぶ工作機械の前には産業用ロボットアームが据えつけられていました。ロボットアームの溶接に並ぶ主要なタスクとして、材料を工作機械の中に入れて加工後に取り出す「ローディング」と呼ばれる作業があります。工場でロボットが活躍するシーンを見ようとしばらく待っていたのですが、よく見ると工作機械は加工をしていません。ゆえに、ロボットも当然動

暗黙知：個人による経験的知識のこと。対義語は形式知。

きません。その機械が担当する部品の注文が入ってなかったので休憩中だったので す。工作機械もロボットも、動けばどんどん部品を製作できますが、いらない部品をやたら作っても在庫が増えて困るだけ。用がない時は機械を止めて待つしかありません。いまどき、同じ製品を毎日たくさん作っていればいい、なんて都合のいい商売はないということでしょうか。

コーヒーを飲まない人がエスプレッソマシーンを購入してもムダだということは、誰にでもわかります。いくら高性能で24時間動き続けるロボットがあったとしても、使える人がおらず、使い道がなければ場所をとるだけの置物になってしまいます。ロボット導入の実証実験はどんどんやった方がいいと思いますが、まずはそれぞれの現場でロボットをどう使うのがいいのか、導入のノウハウを蓄積することが重要だと思います。ロボットを導入する時、ロボットにやらせたい作業があることは大前提。さらに、その作業が本当に定期的に発生するかというロボットの稼働率についての検討も不可欠でしょう。

高度な機械には高度なオペレータが必要、というのが一般的な傾向です。それはロボットの場合も同じです。最初にロボットをしっかり設定してもらってしばらく

は動いても、新しい作業が出てきた時、誰もその設定ができなくてお蔵入り、ということが起こるかもしれません。宝の持ち腐れならぬロボットの持ち腐れにならないためにも、誰にでもすぐ使えるロボットインタフェースの開発は、高性能なロボットを作るより優先されるくらい大事なことです。

例えば、小さな町工場で高性能なロボットを導入するメリットはあるでしょうか？　毎月、同じ部品の大量注文はなかなかないでしょう。本当は、ラインを組んで自動化するほどではない、部品を100個作るくらいの場所でロボットを使いたいところですが、コスト的に現実的ではありません。だからといって、手作業で100回同じことをするのは手間と人件費がかかります。そもそも人手不足で働く人がいなければ、その100個の部品さえも作れません。現場では、小ロットでも使える安くて設定が簡単なロボットが求められています。ものがよくても、つまりハードウェアが優れていても、ソフトウェアの使い勝手がいまいちだとしたら、だれも欲しがりません。

ロボットの価値は使い方次第で大きく変わります。高級なロボットを買って持ち腐れになるよりは、安いロボットを人間が改造でもなんでもして使い倒す方がよっぽどいい。創意工夫ができる人間と、使いやすいソフトウェア環境と、少々無理しても安全で簡単には壊れないロボットの登場に期待しています。

オートメーションの盲点

洗濯機は、略さずにいうと「電気式全自動洗濯機」です。1980年代まで、洗濯機は、洗い槽と脱水槽が分かれた二槽式※が主流でした。洗濯物を入れると一槽で洗いから脱水まで完了する製品が登場して「全自動」洗濯機と呼ばれるようになりました。今では、乾燥機まで一体化した製品があるのはご存知の通りです。

洗濯機のように決まった作業を繰り返しするのであれば、オートメーション（自動化）が可能ですが、汎用的なロボットにものを教えるにはどうすればいいでしょうか？

ロボットに動きを教える伝統的な方法は、フェンス越しにロボットを見ながら、操作盤でロボットの手先をポイントAに動かしてセーブ、次にポイントBに動かしてセーブ、これを繰り返して、入力した点をつなぐ動きを教えるというやり方で

二槽式：1960年代に三洋電機が発売した洗濯機。水を溜めたり、洗濯槽から脱水槽に洗濯物を移したりと手間はかかるものの、構造がシンプルなため壊れにくく屋外での利用には重宝されている。全自動とは違った利便性がある。

す。もっと直感的な教示方法にはダイレクトティーチングがあります。これは文字通り手とり足とり、ロボットの手先を人間がもって実演すると、動きをそのままロボットが覚えるというものです。

どちらの方法も、ロボットの近くで作業することになるので危険だし、何度も動きを調整するのはかなり手間がかかります。今は、コンピュータシミュレーションの中でロボットの3次元モデルを使って動きを計画し十分調整した後に、実世界で試すという方法があります。ただし、シミュレーションの中で周囲の障害物の位置や形を考慮しておかないと、現実世界でロボットを動かした時にぶつかってしまいます。現実世界とシミュレーションを一致させるのは手間がかかるので、ロボットが自らの動きを把握し、外界をスキャンする工程の自動化が課題となってきます。

マンガ『まるいち的風景※』に登場する、家庭ロボット「まるいち」には「行動トレース方式」という架空の教示方法が使われています。ロボットは基本的な物体認識や動作は覚えており、ロボットの持ち主が何か新しいことを覚えさせる時、音声コマンドと一緒に、動きを実演するという方式です。要は「見まね」なのですが、見まねは人間の能力の中でもかなり高度で、その仕組みは解明されていませ

まるいち的風景：柳原望の作品。白泉社。1995年から『ルナティック・ララ』で連載。行動トレース型家庭用ロボット「まるいち」と、そのまわりの人々の日常を描く。

ん。見まねロボットは、ロボット研究のチャレンジの一つです。例えばオムレツ作りひとつを取り上げたとしても、ロボットに実演を通して教えるとしたらどうすればいいのでしょうか。冷蔵庫から卵を取り出すための物体認識と、卵を取り上げて割るための物体の把持《はじ》と操作のスキル。「テキトー」でよいところと、「慎重に行う」ところのメリハリはどうすればよいか。2個の卵で作るプレーンオムレツを教えた後に、じゃあ卵を3個使うオムレツや、チーズオムレツはイチから教え込まないといけないのか。課題が山積みです。

ロボットは、それぞれの作業をしっかり定義してプログラミングすれば動作しますが、人間であれば当然知っている常識やスキルをもっていません。例えば、ゴミを捨てた手で食べ物を触ると汚いとか、液体はこぼれやすいのでそっと運ぶなど。ルールをはっきりプログラムに書くのは難しいことがわかっています。だから、ロボットにものを教える先生はとても苦労することになります。人間が人生を通じて経験してきたような膨大な情報から、自ら世界を学習していくロボットを作ること、それは、ロボット研究者にとって大きな挑戦です。

わたしの意見としては、単純にビッグデータから学習するというボトムアップのアプローチもやがて行き詰ると思います。人間は、自分なりの仮説や好みを育て、ある種の決めつけや先入観で世界を学んでいきます。外部からトップダウンに教えられたルールや、ボトムアップの経験データからだけでは知能は生まれません。経験を自ら選び取り、仮説を積極的に試していく仕組みが必要だと思います。

展示会などのデモンストレーションで、ロボットが賢い動きを見せていても、使えるヤツだとすぐに思わない方がいいでしょう。将棋のできるロボットが、チェスもできるとは限りません。ロボットの実力を知るには、その動きを教えるのにどれくらい苦労したのか、できないことは何か、詳しく聞いてみることをおすすめします。

半完成品で半人前のロボット

工場の中には、ねじをそろえるだけとか、シールを貼るだけとか、専用の機械がいくつもあります。その中でロボットアームは、ちょっと異質です。カタログを見ても、動ける範囲や運べる重さは書いてあるけど、何ができると具体的には書いてありません。用途がぼんやりしていて、使い方次第というヘンな機械です。パン焼き器であれば、ナマの生地を入れれば焼かれて出てくる。印刷機であればインクと紙を入れれば印刷した紙が出てくる。入力と出力が決まっています。ロボットアームは単機能の専用機械とちがって万能です。プログラム次第でさまざまな仕事ができます。一方、プログラムがないと、電源を入れただけでは何も仕事をしませんから、ロボットアームは半完成品であるといわれます。

ロボットアームは万能といいましたが、もちろん「持ち運ぶ」というドメインの中で、瓶をもてるし缶ももてるといったバリエーションの話です。「人間のようになんでもできるロボットの実現はまだ難しい」と、ロボット研究者はくやしそうにいうでしょう。人間は万能ではありませんが、現状のロボットに比べれば、かなり多様な作業をこなすことができます。

つかむ、ひねる、つまむ、押す、弾く、叩く、もつ……。人間の手にできることは非常に多彩です。小さいものから壊れやすいものまで、いろいろなものをつかむこともできます。人間の手ほど器用なロボットハンドはまだ作ることができません。ハードウェアの課題ばかりではありません。例え人間並みの精巧なロボットハンドがあったとしても、それをコントロールできる賢い人工知能はまだこの世にないのです。現在、多種類のものをつかめる最も優秀なロボットハンドは、指のあるハンドとバキュームカップの両方を装備して、対象物によって切り替えるハイブリッド式です。これは、料理に応じてフォークとスプーンを使い分けるようなアプローチで、合理的ですが人間のやり方とはちがいます。

人間の作業能力を「一人前」とすれば、ロボットにできることは、残念ながら半人前の仕事です。それなら、半人前のロボットを2台そろえれば一人前になる？否、半人前が2人になるだけで、できないことはできないままなのです。

人間がすごいのは、身一つでは一人前でも、道具を使えば1・5人前の働きができることです。これは自動化を超えた、身体能力の拡張です。ロボットも、今は半人前でも道具を賢く使うことができれば0・9人前くらいになることはできるでしょう。そして、ロボットにも強みはあります。例えば、サーバーに接続して注文と在庫の状況をリアルタイムに把握し、他の無数のロボットと協調しながら働くことです。

半人前のロボットに不満をいう前に、半人前のロボットをうまく使いこなすことを探るのが得策です。さらにその先に、人工知能から的確な指示を受けて、ロボットと人間がお互いの出せる力を最大限に発揮し、お互いを尊重しながら働く。そんな未来が想像できます。

ロボットを手伝う仕事

新しい技術は新しい職業を生みます。近い将来、新しい職業「ロボットを手伝う仕事」が誕生しているでしょう。すでに、ロボットの導入を手助けし、作業を教えるロボットシステムインテグレーター※という仕事ができつつあります。

工場では、効率化とコストカットにつながるオートメーションが徹底的に進んでいます。今の段階で残っているのは、自動化が難しいロボットに任せにくいタスクです。例えば、イチゴのヘタをとる、日替わり弁当を詰めるなどです。

では、家庭を考えてみましょう。家電は、家事のオートメーションです。洗濯は洗濯機に、掃除はロボット掃除機に、皿洗いは食洗機におまかせ。料理は……あまり自動化できていませんが、火起こしはコンロに、保存とあたためは冷蔵庫と電子レンジ、飯は炊飯器と、大部分の作業は自動化できているように見えます。残りの

ロボットシステムインテグレーター：ロボットSierとも呼ばれる。ロボットの提案から組み立てまで、導入における一連の流れに携わる事業者。

タスクは、洗濯物の片づけや皿の収納、トイレや風呂の掃除など。人間なら時間と手間をかければできますが、ロボットにはかなり難しい作業です。

かつてオートメーションのゴールは無人化でした。しかし、完全無人化は逆にコストがかかりますし、今の技術では無人化がほぼ絶望的なタスクがある、ということもわかってきました。

そうなると必要なのは省人化、人間とロボットが協力できるような仕組みです。人間はロボットができないことを補い、ロボットは人間にできないことを補う。そろそろ、ロボットが人間の仕事を奪う、人間対ロボットという対立軸での考え方を改める時期なのではないでしょうか。

ロボットと一緒に働くことで、人間の働き方や生活に余裕が生まれるのがベストです。要領よく働けば、8時間かかる作業が4時間になって、好きなことに4時間使えるようになります。あるいは、8時間かけて16時間分の成果が出れば、時給は2倍でもよくなるはずです。

ロボットに限らず、コンピュータやインターネットなどのテクノロジーが劇的に仕事を効率化したのにも関わらず、誰もが相変わらず忙しいのはなぜなのでしょうか？

残念ながら、経営者がテクノロジーを導入するのは、同じ給料でより多くの成果を得るためです。時間が空いた人には追加で仕事を割り当ててしまいます。働く人を増やして済む作業なら、わざわざロボットに任せなくてもいいや、となります。

しかし、人間が「がんばる」だけでは対処できない限界がやがてくるでしょう。人口が減り、人手不足が深刻化するからです。その時、豊かさを生み出しているはずの当人が、豊かさを享受する余裕がないという状況が是正されていることを願うばかりです。

ピザ配達ロボットの恩返し

大きな荷物をもっている人とエレベーターに乗り合わせたら、降りる時にはお先にどうぞ、と扉を開けて待つのが親切な人です。ピザを運ぶ配達ロボットがエレベータの扉にはさまって困っていたらどうしますか？　わたしなら人の場合と同じように、開けるボタンを押して待っていてあげるでしょう。

ロボットにとって、人間の助けなしに外の世界を移動するのは大変な冒険です。子供のおつかいと一緒で、知識も経験も足りないからです。

わたしがいる工学部の建物では、エレベータで時々ロボットに出会います。建物の2階にはサンドイッチ屋さんがあるので、うまくいけばロボットにランチを買ってきてもらうこともできるはずですが、初めてのおつかいは、まだあまりうまくいっていないようです。実験中のロボットは、学生の付き添いがなければ移動することすら難しいのです。

なぜロボットはおつかいができないのでしょうか。まずはエレベータ。階数のボタンを押すのも乗り降りも遅くてもたもたしています。混雑している時に「2階を押してください」も、ドアが開いた時に「降りまーす」もいえません。運よくお店に行けたとしても、次の難関が待っています。行列です。横入りせずに列の最後尾に並ぶのが難しい。やっとサンドイッチが買えたとしても、最後はお金を払わなければいけません。クレジットやICカード、またはツケで済めばいいのですが、「現金だけなんですよ」といわれたらロボットは困ってしまいます。

おつかいができるくらいロボットの性能が上がったとしても、残念ながら、ロボットが公道を走ってサンドイッチを買いに行ったり、ピザの配達をしたりするのは、まだまだ先の話になりそうです。日本では、ロボットばかりでなく、セグウェイなどの人が乗るタイプのパーソナルモビリティでさえ、いまだ公道走行が認められていないからです。そうなると、公園やショッピングセンター、空港、病院、図書館、大学のキャンパスなど、限られた場所での運用の方が有望でしょう。実際、アメリカでは、カリフォルニア大学バークレー校で「Ｋｉｗｉｂｏｔ※（キーウィボット）」という配達ロボットが１００台ほど運用されています。日本では、パナソニックが開発した搬送ロボット「ＨＯＳＰｉ※（ホスピー）」が、病院や空港、ホテルで試験運用され始めています。

ロボットが配達やおつかいをするようになったら、電子決済のシステムは不可欠。ロボットが歩くレジになって、小銭をジャラジャラ吐き出すなんて、セキュリティも不安だし、第一スマートではありません。日本は小売店での電子決済の導入が遅れています。おつかいロボットが気持ちよく働けるような社会にするためには、まずはインフラを整えることが必要かもしれません。

ロボットの行動機能、電子決済システムの次に必要なのは、人がロボットを助け

Ｋｉｗｉｂｏｔ：Ｋｉｗｉが開発した小型デリバリーロボット。２０１７年からカリフォルニア大学バークレー校で１００台ほどが活躍しているという。

ＨＯＳＰｉ：２００４年にパナソニック電工が商品化したものの、事業を中断。２０１０年にパナソニック本体に移管し再度事業化。病院内で薬剤や検体、カルテなどを搬送する。活躍の場を商業施設や駅などへの拡大展開にも取り組む。

るような仕組みです。自律的に走る配達ロボットが実用化されて、台数が多くなった時、おそらく運営会社だけでそれらをメンテナンスすることが難しくなります。道端で身動きが取れなくなったり、電池切れになったりしたロボットを通りがかりの一般人に助けてもらう仕組みが必要かもしれません。そのためには、人が思わず助けたくなるインセンティブも必要。ピザ配達ロボットを助けた恩返しに無料ピザクーポンがもらえるとしたら、あなたは助けますか？

ロボット物流はあたりまえ

ロボット物流に期待が高まっています。そのポテンシャルはどれほどのものでしょうか？

結論からいうと、ロボット倉庫は当たり前、積み込みの自動化も進行中、移動ロボットが物流システムの一翼を担うのは既定路線と思われます。例えば、旧Ｋｉｖａ Ｓｙｓｔｅｍｓ（キバ・システムズ）社の技術から発展したアマゾンのロボット倉庫は、商品を棚ごと人間のところに運んできてくれます。ノルウェーのＡｕｔ

ロボット倉庫（GROUND製）

oStore（オートストア）社の、立体的で高密度なロボット倉庫システムも、国内で使われ始めました。

Eコマースは成長分野です。好きな時に好きな場所で欲しいものを手に入れることに慣れると、買い物メモを携えて実店舗に行くのは面倒です。さらに、店に欲しいものが置いていなかったら時間の無駄です。ネットショップが成り立つには、欲しいものがすぐ届くことが重要。トイレットペーパーがなくなりそうな時、ネットで注文しても1週間かかるなら近所のコンビニに行くでしょう。注文した翌日に届くなら便利です。さらには注文の前日に届く、つまり欲しいと思う日を予測して先に届いている、なんていうのが未来の姿なのかもしれません。

ネットショップの利便性を支えるのは、すぐ届くことと送料が高くないことが重要です。それを支えるのは物流インフラですが、運送業者は人手不足、遅配や送料の高騰が予測されます。買ったものが届かない、返品を受けつけてくれないなど、簡単に大混乱が起きるでしょう。玄関先まで赤の他人が入ってくるという状況も、セキュリティの観点から見過ごせない問題です。ロボットの活躍が期待されます。

物流は物の流れ、トラックで運ぶような長距離や、ラストワンマイル※と呼ばれ

ラストワンマイル：物流センターから顧客までの最後の工程。通信業界で使われきた言葉。

る中距離の他にも、ものを運ぶ仕事は無数にあります。

短距離の物流は、例えばキッチンからテーブルまでのK2C（kitchen to table）とでもいうべき経路があります。レストランでの料理のサーブ、客が帰った時の片づけ。回転寿司屋はすでに料理の提供を自動化しているわけですし、カフェなどは下膳を客にやらせることで解決しています。

回転寿司のように、ロボットが出てくる飲食店が日本の名物になればおもしろいのにと思います。

公道をロボットが走る

茨城県つくば市、この研究学園都市は造成から約50年がすぎようとしています。空洞化しつつあるつくばセンターの近く、「ロボットが通ることがあります。ご注意ください」というおもしろい看板を見ることができます。一部の歩道が「つくばモビリティロボット実験特区※」になっているのです。行けばいつもロボットが見られるというわけではありません。時々、屋外を走る移動ロボットの競技「つくば

モビリティロボット実験特区：２０１１年、つくば市が日本で初めて認定された。法律上、モビリティロボットは日本の公道を走行できないが、一定エリアにおいては実証実験が行える。

チャレンジ※」のコースに使われています。

移動ロボットの挑戦は、工場やビルの中から、屋外に移りつつあります。人間やクルマに混じって公道を走るところ、例えば運送業で配送拠点と顧客を結ぶ経路などがターゲットです。この挑戦、実は分が悪いので、大胆なルールチェンジが必要そうです。

工場の中で、ロボットが走る道を作る簡単な方法は、テープを貼ることです。光センサで識別できる派手な色か、磁気テープ、曲がり角にはバーコードなども使われます。レーザースキャンで周囲のマップを作ることで床の線なしに走ることも可能ですが、それぞれのロボットが重い計算処理をするのは大げさすぎます。テープは、薄っぺらいけれども、一種のレールです。

立体的なロボット倉庫では、格子状のレールの上を、文字通り縦横無尽に走るロボットが使われています。

ロボット路線バスや配達ロボットなどが公道を走ることは技術的にもまだ難しい課題です。レールを敷いたり白線を引いたりすることなくロボットが走ればベストですが、公共空間はロボットにとって見たことも聞いたこともない状況がいっぱい

つくばチャレンジ：2007年にスタートした、つくば市内の遊歩道などでロボットを自律走行させる技術チャレンジ。時速4キロメートル程度で、指定されたコースを走行し、信号認識などの課題もある。

です。

道路にロボット専用レーンが作られたらどうでしょうか。最近は、道路の端に自転車走行レーンのサインが描かれるようになりました。しかし、路上停車・駐車でレーンがふさがっていることもしばしばです。

公道にレールといえば、かつては路面電車がありました。路面電車は、馬車鉄道を代替する電動の乗り物として作られたのですから、スマートモビリティの先駆例でしょう。日本最初の路面電車は、1895年に京都電気鉄道が開業した路線でした。その後、日本の各都市に路面電車が敷かれ、大正時代の都市交通の主役になりました。

東京でも、私鉄各社が路面電車の整備を進め、1911年（明治44年）にはそれらが統合されて東京市電が発足し、大正時代、路面電車の黄金期が訪れました。当時、自動車はまだ普及の初期段階で、地下鉄は、浅草～上野間の開通1927年（昭和2年）まで待たねばなりません。地下鉄や路線バス以前、それに匹敵するような、大規模な路面電車網があったのです。

今では、東京の路面電車は都電荒川線のみ、全国的にも路面電車が走っている街は少なくなりました。路面電車が駆逐されたのは、第一にクルマの普及がありました。１９２３年（大正12年）の関東大震災の混乱などを経て、移動や運送は、より機動力があり、停電にも関係のないトラックの方が有利でした。地下鉄の整備も進み、１９５０年代以降、路面電車は激減したのです。ヨーロッパでは路面電車が地下鉄に置き替わらずに生き残っている都市が多く、低床の最新型が古い町並みを通過していきます。

タクシーやバスの自動運転は、技術の挑戦というよりは、人手不足の時代の要請といえるでしょう。車掌と運転士がいたのを、ワンマン運転にして、さらに１人減らしてゼロマン運転しようというのが自動運転です。

そう考えると、クルマの運転が趣味という人に、自動運転は全然合わないということになります。速く遠くまで走れるクルマは、超人になれる道具のようなもので、ロボットカーとはまたちがうものです。

街中の公共交通は、ロボットタクシーよりも、路面電車のロボット化からはじまるかもしれません。今、スマートモビリティというと、まるで一度も試されたことのない新しいことのように話されます。ごまかされているような、実態が見えにくい状況です。振り返ってみれば、実験的な交通システムは幾度となく試されてきました。栄枯盛衰の歴史をみれば、気負わず、なんでも試してみようと思えてきませんか？

ロボットカーが走る都市

わたしが以前ボストンに住んでいた時は、安い高速バスに乗り、5～6時間かけてニューヨーク市マンハッタンに遊びに行っていました。目当ては美術館やおいしい焼肉、日本のマンガがそろうKINOKUNIYAなど。

ロウアー・マンハッタンの西に、２００９年にオープンした細長い公園「ハイライン」があります。この公園は、長らく放置されていたかつての高架貨物鉄道を公園に作り変えたものです。２０１１年には、大小のギャラリーが立ち並ぶチェルシーを貫くように延長部分がオープンし、長さは2キロメートルほどになりました。ハイラインは、ただの長い道ではありません。高架ならではの街から浮き上がった不思議な空間です。そこでは、歩道と庭が絡み合い、周囲のビルの壁や裏庭

ハイライン

と合わさって特異な風景を作っています。ハイラインの散歩はとても楽しい。

ハイラインのあり方は、運送と、そして都市を考えるヒントになるように思います。ハイラインの元となった貨物鉄道ができ、衰退し、生まれ変わった経緯を見てみましょう。

ハイラインの元になったウェストサイド線は１８４０年代に敷設され、はじめは路面電車のように通りを自動車と並走する物流用の貨物線でした。沿線はフェンスなし、踏切なし、貨物鉄道と人の流れは交差します。そのため、列車と自動車の事故による死傷者があとを絶たず、問題になりました。正確な数は不明ですが、年間十数人が亡くなっていたようです。

解決のため、１９２０年代には馬に乗ったカウボーイを雇って、列車を先導するようになりました。しかし、事故はあまり減らなかったようです。

このカウボーイは、イギリスで１８６５年に施行された赤旗法（The Locomotive Act）を思い出させます。馬車が主流で自動車がまだ新しかった頃、自動車に速度制限を課すほか、必ず1名、赤い旗を持って自動車の先を歩く者が必要という法律です。この法律は、結果的にイギリスの自動車の普及を遅らせたといわれています。

１００年前の話ですが、現代のロボットカーの導入に関する議論は、似た段階にあります。無人運転は危ないので、見守る人間が必ず並走するなんてことが、冗談ではなく、過渡期には起こるかもしれません。

ロボットカーにとって安全は大きな問題です。極論、技術が進んだ現代において自動車事故がなくならないのは、歩行者とクルマが同じ空間を共有しているからです。しかし、都市をイチから新しく作り変えない限り、歩車分離は実現しないでしょう。自動運転の技術は、ある種のバーチャルな歩車分離を行うものです。センサで人間を検出し、近づかないように自動で制御できます。人と決してぶつからないクルマは都市交通の悲願です。

さて、ニューヨークのウェストサイド線の場合、鉄道を高架化して一般道との分離を図ることになりました。この時、よくあるように道路の上に線路を重ねるのではなく、通りからずらした線を通しました。１９３０年代にこの高架は完成します。その後、１９５０年代以降、物流はトラックに取って代わられました。貨物列車の役割は低下し、１９８０年には廃線となり、公園に生まれ変わるまで草が生い茂る廃墟になりました。

現在、東京ではオリンピックの会場建設やスマートモビリティの実証事業を埋立地で行おうとしています。渋谷などで、大規模再開発も進んでいます。それはそれでよいのですが、いつまで、リセットして作り変えるという方法が有効でしょうか。人口が減っていく社会では、残っているものを使いながら、新しい機能をもたせることがもっと必要になるでしょう。例えば、ハイラインの途中にあって店が集まるチェルシーマーケットは、ナビスコのビスケット工場をリノベーションしたものです。

ロボット化社会は、都市のゆるやかな改造という形で意外と違和感なく訪れるかもしれません。各種のロボットと、慣れ親しんだ街並みの調和は、きっと新しい未来の風景になると思います。

非日常ロボット

生活に入り込むロボット技術について取り上げてきたので、次は普段使いの日常ロボットと対比して、「非日常」ロボットを考えてみましょう。特殊な環境での非常事態、その最たるものが原子力施設での事故対応です。

通商産業省（現在の経済産業省）の大型プロジェクト「極限作業ロボット」（1983～1990年）では、8年間でおよそ200億円という大きな予算が投じられ、原子力施設や海洋石油プラントで働くロボット、原子力施設や産油施設での事故対応ロボットのための技術開発が行われました。人間が行けない海中や、高放射線、高温の環境で、人間の代わりに作業できるロボットのための技術がターゲットです。立ち上げを主導したのは、通産省工業技術院の電子総合研究所と機械研究所（のちに産業技術総合研究所に統合・再編）です。

このプロジェクトで開発された極限作業ロボットのうち、原子力防災ロボットの開発については、プラントメーカー3社（東芝、三菱重工、日立製作所）が大きな役割を果たしました。チェルノブイリ原子力発電所事故※が起こったのはこのプロジェクトの最中です。

実現目標として構想された原子力ロボットの姿は、ギリシャ神話に出てくる半人半獣のケンタウロスにそっくりでした。つまり、四脚で移動し、上半身には2本のアームと二つ目の頭がついているものです。そし

チェルノブイリ原子力発電所事故：1986年4月26日、ソビエト連邦（現ウクライナ）で発生した原子力事故。炉心溶融（メルトダウン）が起きたあとに原子炉が爆発。30年以上が経過した今も、立ち入り禁止区域がある。

て、実際にそのようなロボットが作られました。カメラによる物体認識は東芝、上半身は三菱重工、下半身は日立製作所が主担当で、モータは安川電機とファナックが開発しました。民間企業合体ロボットともいえるでしょう。

今の感覚からすると、ケンタウロス型ロボットは目標としては夢がありすぎるという気がします。多機能なのはいいのですが、高級志向の複雑なシステムは、製作や運用のコストが際限なく膨らみます。最終的に作られたケンタウロス型ロボットは、機能しましたが、750キログラムもありました。それでも、最初に描いた絵を本当に実現してしまったのはすごい。技術的挑戦の全部盛り、技術を結集した究極のロボットとして夢想され、意地で作り上げたのだと思います。

バブル崩壊は、極限作業ロボットのプロジェクト終了直後です。コストとか経済性という概念は、プロジェクト中にはあまりなかったのです。産業用ロボットの次の、新しいロボットのあり方を打ち出し、必要な基礎技術を開拓することが第一で、実用は二の次でした。国プロと呼ばれる国家プロジェクトの中で、100億円を超える規模のロボットプロジェクトは、後にも先にもこれだけだと思います。

ロボット研究者の中でも、30年前の大型プロジェクトを覚えている人は少なく、その成果は散逸して、忘れ去られようとしています。プロジェクトを主導していた企業や研究所の人も定年をとっくにすぎています。

非日常ロボットの出番はない方がいい、けれども、いつでも使えるようになっていないと困るものです。こういうロボットを日常に組み込むにはどうすればいいでしょうか。似たような存在に消火器があります。消火器は消防法によって設置が義務づけられ、維持されています。学校の防災訓練でも使い方が周知されます。

もっと踏み込むと、日常ロボットにも緊急時に役立つ機能が欲しいところです。例えば建材は消防法や建築基準法で防炎性能について決まりがあります。ただの壁紙やカーテンでも、防炎性能を備えているのです。自動販売機も、災害時に役立つものがあります。

ペットロボットをもつ家庭が増えたら、いざという時、ペットロボットが防災ロボットの役割をするのはどうでしょうか。自動で緊急通報ができたり、モバイルバッテリーになったり、救助信号を出したり、いろいろなことができるかもしれません。

命の恩人はロボット

２０１１年の東日本大震災の後、ホンダのウェブサイトのお客様相談センターに、あるＱ＆Ａが載りました。質問は「アシモに原発事故処理をしてもらえませんか」、その回答は「アシモは、将来人の役に立つべく開発をして参りましたが、残念ながら現状では、ご要望をいただいた様なことができる技術には至っておりません」でした。これは、誠実な回答でしょう。そして、ロボットへの期待と、ロボットの実状とのギャップをよく表しています。

ロボットの普及というと、家電のように毎日使われる道具として議論されることが多いのですが、一生に一度使うか使わないかという道具でも、誰かが九死に一生を得られるなら大事なものです。例えば、救急車に乗ったことがない人が大半でも、救急車はいつも誰かを助けています。

スマホが災害情報の共有や緊急通報の手段として重要になったように、ロボットも人の命を助けるインフラになっていくかもしれません。

先の「極限作業ロボット」プロジェクトや、東海村ＪＣＯ臨界事故※を受けて実

東海村ＪＣＯ臨界事故： １９９９年9月30日、茨城県東海村のＪＣＯの原子力施設で発生した臨界事故。違法作業という人的要因によるもの。

施された「原子力防災支援システム開発補助事業※」（2000〜2001年）で作られたロボットは、福島原発の事故対応に使われることはありませんでした。防災ロボットの技術自体がまだまだ未完成で、作られたロボットはどれも実用から遠い試作品だからです。技術的な課題を残したまま、プロジェクトは時間切れで終了しました。時限の国家プロジェクトでは、人が集まっては技術開発して解散ということの繰り返しです。継続が重要な防災技術には、ちがう仕組みが必要でしょう。

さらに難しいのは課題設定です。原子力発電所の現場はそのままでも非常に特殊ですが、福島原発の事故では、屋内にも障害物が飛散する状況が起こりました。それまでの原子力防災ロボットは、事故で人間が行けなくなっても、設備自体はきれいなままという想定でしたから、ルールがちがいます。ロボットの仕様が大きく変わるのです。

福島原発の事故で活躍した国産ロボットは、原子力ロボットではなく、地震災害用に作られたレスキューロボットを改造したものでした。千葉工業大学が開発した原発対応版の「Quince（クインス）」です。このレスキューロボットの土台は、もともとは原子力発電所の屋内とは全く ちがう、瓦礫の中で地震の被災者を探

原子力防災支援システム開発補助事業：製造科学技術センター（MSTC）による遠隔操作型原子力ロボットシステム開発。通産省から約30億円の補助金のもと、日立製作所、三菱重工業、東芝、仏サイバネティクス社に開発を委託した。

すために開発されてきたものでした。瓦礫を乗り越えて探索するという機能が、原発事故対応に流用できたのです。

レスキューロボット「クインス」はベルト（いわゆるキャタピラー）で走りますが、手足のように突き出た四つのサブベルトをもっていて、いろいろな地形に対応できます。胴体の上にカメラもつけられます。4本の脚とその上に乗ったカメラ、よく見ると「極限環境ロボット」プロジェクトで開発されたケンタウロス型ロボットを簡略化したような形にも見えます。防災ロボットは、数十年の時を経て実用的で合理的な形を見つけたのかもしれません。

阪神・淡路大震災（1995年）からしばらくして、NPO法人国際レスキューシステム開発機構が発足し、機構が主導して文部科学省の「大都市大震災軽減化特別プロジェクト※」（2002～2006年）が始まりました。その中でレスキューロボットの開発が進みました。この活動は、科学技術振興機構（JST）による革新的研究開発推進プログラムImPACTに採択された「タフ・ロボティクス・チャレンジ※」（2014～2018年）に続いています。国際レスキューシステム開発機構の田所諭会長は、神戸大学の助教授だった時に阪神・淡路大震災を経

大都市大震災軽減化特別プロジェクト：通称「大大特」（だいだいとく）。大都市圏での大地震を想定し、人的・物的被害を半減させるための技術確立が目標。瓦礫間に進入する小型ロボットが開発された。戸建て住宅専用の床下点検ロボットとして製品化された。

タフ・ロボティクス・チャレンジ：災害時に活躍する屋外ロボットの基盤技術の研究開発。プロジェクトマネージャーは田所諭氏。

験。その後、東北大学に移ってから東日本大震災を経験し、レスキューロボットの開発を続けています。

ロボットを開発しているのは人間です。人間には信念があります。誰かにいわれてロボットを作っているのではなく、それぞれの未来を描いて、ライフワークとしてロボットを作り続けているのです。

マンガの中で、アニメの中で、鉄腕アトムは多くの人を助けます。現実の鉄腕アトムは、ヒト型でもなんでもない無愛想なロボットになるかもしれません。思い描いた未来と見た目はちがうかもしれないけれど、ロボットに命を助けられた人が増えたら、未来は叶ったといえるのです。

RaaSへの道のり

現代のサービスには、インターネットとソフトウェアが欠かせません。ロボットによるサービスの話をする前に、ビジネスの仕組みが多様化していることを確認しておきましょう。

例えばクルマ。クルマを素材としてみると、ゴムと鉄と樹脂その他です。その割に高価なのは、人が乗って走れるように複雑に加工してあるからです。これは「加工貿易」として、小学校ではかなりおおざっぱに説明されます。その利益がどう分配されているかはサプライチェーンの構造によります。トヨタやホンダは完成品メーカーで、エンジンのような主要部品でも自社で全部作っているわけではありません。サスペンションやシート、ボルトやナットなどの部品はサプライヤーから調達して組み立てます。

機能から考えると、クルマは人の移動を助ける機械装置です。移動するだけならどのクルマも大体一緒です。その割に高価なクルマがあるのは、つやつやして赤かったり、心地よい振動を伝えてくれたり、生産台数が少なくて珍しかったりするからです。これは「付加価値」などと呼ばれます。

付加価値が機能の多い少ないのことだとしたら、そのような議論は時代遅れだとわたしは思います。同じ機能の製品を誰でも作れるようになって、差別化が必要というわけですが、おまけをつけたからといって本体の価値がどれだけ上がるでしょうか。ある家電のハイグレード版家電に、スマホ連携機能や、タッチパネルが「付加」されているとします。それは差異にはなりますが、価値に結びつくかは別問題です。とくにロボットは半完成品なので、機能よりも使い方が大事になってきます。

素材から機能を引き出してクルマを作って売るのが自動車会社、機能に使い方と意味を与えるのがそれを買ったユーザーでした。これからは、自動車会社も意味・価値そのものを売らないとビジネスが危うくなっています。素材から機能を引き出すことは誰でもできるので価値が低い一方で、機能から意味を引き出すところで価値ががらっと変わるからです。無形のものを無形のものに変換して売るのが新しいビジネスです。

そこで大事になってくるのがソフトウェアです。もしも、インターネットやソフトウェアに関わる仕事、例えばウェブサイトを作るとかスマホアプリを作ることを「虚業」と思っている人がいたら、それはまちがいです。デジタル情報とインターネットの世界は、直接触れることはできないものの、準実世界といえる社会の一部なのです。ものの動きに合わせて情報は動いています。そして情報に基づいてものが動いていています。

ウェブ上のネットショップで「かご」に商品を入れて注文ボタンをクリックすれ

ば、誰かがその商品を箱詰めして、次の日には家に届くでしょう。質量のある店舗がなくても、それは本物なのです。リアルで場所を借りてショップを作ることと、ネットでサーバーを借りてネットショップを作ることは、お金のかかる部分はちがっても、やっていることは同じです。看板を作って、商品を並べて、買い物かごを設置して……。ネットショップは、一度に数千人の来客があったりするのだから、実店舗より設備にお金がかかって大変なくらいです。

ＭａａＳ（Mobility as a Service）という言葉があります。5年もすれば、あまりにも当たり前になってこうは呼ばれなくなるかもしれません。ＭａａＳは、単にクルマがインターネットにつながることや、カーシェアリングサービスのことではありません。これまでばらばらだった、レンタカー、レンタサイクル、タクシー、バス、電車など複数の移動手段の、予約・利用・支払いシステムを統一し、一体的なサービスとして提供しようとする潮流です。ＭａａＳの提供者は自動車会社だけではなく、タクシー会社や、地方公共団体も入ってくることになります。

例えば、旅行の手配を考えましょう。わたしたちは、宿に着くまでに必要なタクシー、飛行機、電車を、別々のシステムを使って予約していると思います。Ａ地点からB地点まで移動するという明快な目的の達成に、なぜこんな苦労をしなければいけないのか。それは予約システムが交通機関ごとにちがうからです。ユーザーにとって路線がＪＲ東日本かＪＲ西日本かなんてどうでもいいわけです。すべてまとめて予約できる旅行代理店のパック旅行の方が手配は楽です。

ＭａａＳは、ごく限定的には日本でもすでに実現されているともいえます。それは、交通系ＩＣカードで電車もバスも乗れる仕組みです。ただし、ＩＣカードは電子マネーという性格が強く、日本円で電車もバスも料金が払えますというのとあまり変わりありません。本当は、皆がどのように移動しているかというデータをみて運行を変えたり、混雑が集中しないように人を誘導したりといったアクティブな仕組みが欲しいところです。そういった最適化は計算機の得意分野です。スマホでアクセスできるただの共通予約システムでＭａａＳが終わってしまうともったいない。

ロボット業界はどうでしょうか。産業用ロボットアームはテレビや冷蔵庫のようにコモディティ化しつつあります。その時、ロボットメーカーは、自社製品を売ることを目標にするのをやめてサービスを提供しなければ生き残れないでしょう。包括的なサービスを提供するために、会社としては本当に難しいことですが、他社と協力してサービスを展開することになるでしょう。ＲａａＳ※（Robot as a Service）のはじまりです。

今のところ、日本のロボットメーカーはロボットのハードウェアとコントローラを売っているだけのように見えます。それで利益を確保しようとすれば、ロボットは高価なままでしょう。そのうち、顧客はロボットをメーカーから直接買うのをやめて、ロボットシステムインテグレーターに頼んでロボットを使ったサービスの提供を依頼するようになるでしょう。そうすると、ロボットメーカーの顧客は、ユーザーではなくシステムインテグレーターになり、ロボット完成品を売っていたつもりが、「サービスの部品」を作って納めるだけのサプライヤーになってしまいます。

ＲａａＳに取り組むにあたっては、さしあたりロボットが徹底的に使いやすいことが大事です。すぐつながり、すぐ動くこと。ロボットの性能よりも、やりたいことがすぐできるソフトウェアプラットフォームの構築が急務です。

ＲａａＳ：ロボット単体を売るのではなく、ロボットの動きの最適化やデータベースとの連携などを含め、サービスとしてロボットシステムを提供しようとする潮流。

第三章

ロボットと遊ぶ

ロボットの姿と動きは人間の心を動かします。
まずはペットロボットと人間の関係を見てみましょう。
かわいいロボットから巨大ロボットまで、人間を楽しませるロボットはさまざま。
ちょっと変わったところでは、人間がロボットに憑依して、
空を飛んだり、旅行をしたり。新しいエンタメの誕生です。

ゆかいなロボット

ロボットは人を感動させられるのか、ロボットは人を笑わせることができるのか。きっとできるでしょう。もちろん簡単ではありません。

ホンダのアシモのように、笑わないロボットもいます。アシモは宇宙飛行士のようなデザインで顔が隠されていて口もないので、笑えという方が無理ですが。

ソフトバンクのロボット「Ｐｅｐｐｅｒ※（ペッパー）」が発表された時、ロボット研究者たちはペッパーがほとんど何もできないことに驚きました。他のヒト型ロボットは、冷蔵庫を開けられる、皿を洗える、ハンドドリルを握って軽作業ができる、そういう発展を志向していました。ペッパーは、二足歩行しない半ヒト型で、人間と似た手と腕を備えています。でも、握力はとても弱くて５００ミリリットルのペットボトルももてません。できることはじゃんけんくらいです。

スペックとしては「大きすぎるｉＰａｄケース」と呼ばれてしまうようなペッパーくんですが、ちょっと間の抜けた顔と軽い語りで、なんとなく許せてしまいます。そんな、憎めないキャラを作り上げたことは、ロボット、とくにヒト型ロボッ

Pepper：２０１５年にソフトバンクロボティクスとソフトバンクモバイルが発売。初回生産分３００台は1分で完売した。３００以上のアプリケーション、簡単にプログラミングできるツールが用意されている。

トへの過剰な期待をかわす妥当なアプローチです。ペッパーのアームは、作業に向かない代わりに、何かと衝突したり無理な力がかかったりしても壊れにくくなっています。安全重視のハードウェアなので、気軽に配布できるし、素人がプログラミングすることもできるのです。

ペッパーのキャラクター演出やアプリの開発を手がけたのは、吉本興業が１００パーセント出資するよしもとロボット研究所※でした。ペッパーのハードウェアを開発したのはAldebaran Robotics（アルデバラン・ロボティクス）というフランスの会社です。よしもとロボット研究所は、ペッパーを芸人と考え、プログラミングで動きとしゃべりを作るクリエイター集団です。

お笑いとロボットということでは、２００５年の愛・地球博で披露されたロボット漫才が早い例です。このロボット漫才はロボットのコンビでした。１台は三菱重工業が開発した「Ｗａｋａｍａｒｕ（ワカマル）」、もう一体がＡＴＲ（国際電気通信基礎技術研究所）が開発した「Ｒｏｂｏｖｉｅ（ロボビー）Ｒ２」です。ワカマルは２本のロボットアームを備え、車輪で移動する半ヒト型ロボットです。全身が黄色いことと、胸にタッチパネルがないこと以外は、ペッパーにとてもよく似て

よしもとロボット研究所：２０１２年に設立。ペッパーしかいない携帯電話ショップなど、演出やアプリのプロデュースなどを行う。

Wakamaru

います。体重も同じくらい。ワカマルは、家庭用ロボットとして100台限定、157万5000円で発売されたこともありますが、忘れ去られてしまいました。

あまり知られていませんが、お笑いロボットは大学でも研究されています。早稲田大学高西研究室のヒューマノイドロボット「KOBIAN（コビアン）」です。豊かな表情に加えて、全身の動きから誘発されるユーモアと笑いを研究しています。コビアンは、眉毛や唇が目立つ独特の顔をしています。全体的に、金属の機構がむき出しの無骨な見た目で近寄りがたい雰囲気をもっているので、まだ芸人になるには向かないかもしれません。コビアンRⅢの腕は、普通のヒューマノイドロボットよりおよそ10倍も速く動くようになっています。平たくいえば、ツッコミのために必要な腕の速度を実現するための機構設計なのです。ツッコミに適したロボットアームの設計ってなんやねんと、そこにツッコミを入れたくなります。

ジェスチャーでウケをとるのは高度な技術です。ペッパーはあまりキビキビした動きができません。モーションをプログラミングする時に苦労するところです。そこで、ビシッとした動きをあきらめたペッパーは、両腕を上げて腰の関節も総動員してくねくねと波打つ動きをして笑いをとっています。ロボットごとに得意技があ

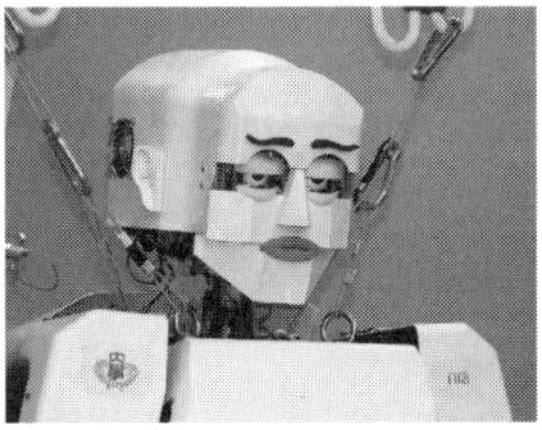
KOBIAN

るのです。

人を笑わせるロボットができたらすごい。人と一緒に笑えるロボットができたらもっとすごい。お笑いロボットは、はじまったばかりの挑戦です。

ペットロボットの需要

初代「ＡＩＢＯ※（アイボ）」がソニーから発売されたのは、１９９９年のことでした。もちろん、これは突然の発表ではありません。１９９８年には事業化が動きはじめ、ソニーがロボットによるエンタテインメント産業の創出というコンセプトで４脚自律ロボットを作っていることが報道されました。この頃、ソニーの連結営業利益は初めて５０００億円を超え、絶好調です。その後２０１８年まで、営業利益がこの年の値を超えることはありませんでした。

アイボの開発組織は企業研究所としては風変わりで、ビジョンによる物体認識や、知的なエージェントの設計に関して、学術的な興味が強かったようです。大学の研究者との交流も多く、ロボット研究室の卒業生も多く入所しています。アイボ

初代ＡＩＢＯ：外部からの刺激や自らの判断で行動する自律型のペットロボット。「感情」や「本能」を搭載し、育て方によって性格やできることが変わるようになっていた。

商品化より前の1996年、ソニーの中に土井利忠取締役を所長とした独立系の研究所「D21ラボラトリー」が新設され、アイボの前身はそこで開発されていました。この組織は紆余曲折を経て「デジタルクリーチャーズラボラトリー」や「インテリジェンス・ダイナミクス研究所」に引き継がれていきます。

アイボは、今も続くロボットによるサッカー競技「ロボカップ※」と深い関係がありました。第1回ロボカップは人工知能に関する国際会議IJCAIと併催でした。第2回大会では、エキシビジョンマッチとしてアイボの原型である4脚ロボットを使った「四足ロボットリーグ」が行われ、以後2007年まで、このリーグは製品版アイボを使って開催されました。

初代アイボに対する大きな反響は、4脚のペットロボットの製品化という歴史的な出来事を後押ししたと同時に、のちの開発を少し歪めてしまったのかもしれません。それは、ペットロボットの市場がどれほどの規模かという予測です。定価25万円の初代アイボの国内販売分3000台はすぐに売り切れたことで有名です。その後の追加生産1万台には、13万5000件の応募があったといいます。この応募数が、ペットロボットが欲しい人の90パーセントだったのか、それとも5パーセント

ロボカップ：1992年に発足された、ロボット工学と人工知能の融合を目的とする自律型ロボットによるサッカーを主体とした競技大会。1997年に1回目の世界大会が名古屋で開催され、翌年からロボカップジャパンオープンも開催。現在、災害救助ロボットの推進、日常でのロボット活用における競技大会、ジュニア競技へと発展。

だったのか、わからない状況でした。前者であれば、潜在需要は20万台に届かないし、後者であれば200万台超えです。

今だからいえることですが、ペットロボットの初期の市場規模は、累計で数十万台だったようです。日本のペット飼育頭数はイヌとネコ合わせて2000万匹に満たないくらいですから、ペットを飼いたくても飼えず、ハイテク製品が好きな層を考えるとそれくらいだったでしょうか。

1994年に発売されたプレイステーション※は、次の年、早々と100万台出荷を達成しました。初代アイボは4万5000台販売されたそうですが、2代目以降の出荷台数は公表されていません。ソニーは社内募集制度で有名です。アイボのようなおもしろそうなロボットプロジェクトには多くの人材が集まったでしょう。そして、年間100万台売るぞという意気込みと体制だったのだと思います。

おそらく、2代目アイボも初代と同じくらいは売れたのでしょう。わたしが遊んだのは、2代目アイボです。研究室にあったものだったので、自分のペットではなかったし、あまり熱心に世話をしなかったような覚えがあります。3代目アイボは廉価版でした。普及のテコ入れを図ったのでしょうか。丸みを帯びたデザインの、

プレイステーション：通称PS、プレステ。1994年にソニー・コンピュータエンタテインメントが初代を発売。セガサターンやNINTENDO64といった次世代ゲーム機時代に1億台以上を出荷。以降、設置型として4モデル、携帯型として2モデルを販売。

完成度の高いＥＲＳ－７のシリーズを最後に、アイボは２００６年に生産中止となりました。

動員数が同じでも、低予算映画ではヒットといわれ、大作映画では大コケといわれることがあります。大企業にとって、アイボは魅力的な商品ではなかったかもしれません。でも、ペットロボットが10万台以上売れたことは、ニッチなビジネスとしては大変な快挙です。家庭用ロボットで唯一の売れ筋といえるロボット掃除機でも、日本国内の年間販売台数は数十万台、累計販売台数が２００万台に達するまでにはおよそ10年かかりました。今やっと、出荷台数が伸び始めています。

新型アイボが、旧シリーズの停止からおよそ10年を経た２０１７年に発売されました。もし２０２５年になってもアイボ事業が続いていれば、初代アイボを超える長寿製品になります。

ペットロボットは、家電としては可動部がやたら多い特殊な製品です。つまり故障しやすい部分が多いということです。歳をとらないロボットですが、新陳代謝もありませんから、だんだん消耗して物質的な死を迎える運命にあります。寿命を考えると、アイボはその人格（犬格）を宿す部品をもつべきだったかもしれません。

新型アイボ

クラウドにデータがあるといっても、目に見えるものではないからです。例えばそれはメモリースティックよりも美しく象徴的な、魂の核、あるいはハートです。身体が老化したら、新しい身体に核を移す、そうすると身体は若返るけれど、仕草や記憶からは、前のままのアイボが感じられるのです。

パーソナルロボットの先駆け

ロボット研究者から見ると、初代アイボは、アシモの二足歩行に比べれば、あまり驚きはありませんでした。カメラによる物体認識も脚による移動も、それなりに研究されていたからです。しかし、研究の世界で当たり前でも、そういう技術が一般製品に使われたことはすごいことでした。顔認識機能を備えたデジタルカメラの発売が、やっと2005年頃という状況です。

他にも、ソニーはアイボ試作機の時点からロボットのハードウェアとソフトウェアをモジュール化し、さまざまなエンタテインメントロボットに展開することを見すえてOPEN－R※という枠組みを作っていました。それは現在広く使われてい

※OPEN－R：ソニーが開発したエンタテインメントロボット用アーキテクチャー。脚部などのハードウェアモジュールを交換することで機能や形態を変えたり、ソフトウェアモジュールを変更することで行動や反応パターンなどを容易に変更できる、といった特徴がある。

るロボット用ミドルウェアＲＯＳ※にも通じる考え方です。エンタテインメントロボットとして、ペットロボット1種類だけでなく、小型ヒト型ロボット「ＱＲＩＯ※（キュリオ）」も商品化が検討されていました。

画像認識や音声認識ができ、小さいボディに多数のモータが入ったアイボは、価格も仕様もおもちゃとはちがっていました。おもちゃの開発であれば、モータの数をいかに減らすか、1個のモータでどれだけたくさんの動きを兼ねるかを突き詰め、コストを削ることに血道をあげます。おもちゃは安くしないと買ってもらえないからです。

アイボ発売の十数年前、ロボットが安くないおもちゃとして発売されていたことがありました。パーソナルロボットの先駆け、トミーのオムニボットシリーズです。１９８４年に発売された初代オムニボットは内臓テープレコーダーを使ったおしゃべりや、走り方のプログラムができました。これが人気となり、さらに5機種が発売されました。身長65センチメートル体重10キログラムの「オムニボット２０００」や、ものを乗せて運べる「オムニワゴン」などです。しばらくしてオムニボットのブームは去り、２０１４年にタカラトミーがオムニボットブランドを再

ＲＯＳ：Robot Operating System。世界規模での共同開発を目指すオープンソースソフトウェア。

ＱＲＩＯ：「ＳＤＲ」シリーズからの改称。「好奇心の追求」という意味をもつ。２００３年に公開された。ボールを投げる、走るといった動作が可能。

始動するまで忘れられていました。

ロボットならではの飼育体験を目指した製品もありました。２００７年に発売された恐竜型ロボット「ＰＬＥＯ（プレオ）」です。イヌやネコは本物を飼えばいいけれど、恐竜の子供を飼うことはロボットでしかできないことです。プレオを開発したのはファービー※の開発者の１人ケイレイブ・チャンが創業したＵｇｏｂｅ（ユーゴービー）社でしたが、残念ながら２００９年に破産申請をして解散しました。

おもちゃは、飽きられやすい性質をもっています。一方で、毎朝使うコーヒーメーカーは飽きられません。道具だからです。牧羊犬のように役に立つイヌ型ロボットもあり得たはずですが、アイボは役に立たないという製品コンセプトを守っています。ロボットが家電なのかパートナーなのかの一線は、この辺りにあるのでしょう。イヌやネコを飼うと明らかに手間は増える、でも楽しい。一緒に生活するということは利害関係だけでは説明できません。

ロボット作りは、人間とロボットの共生の形を探ることです。

ファービー：アメリカ発の電子ペット。1998年にアメリカで発売したところ、半年で1000万個売れたヒット商品。日本ではトミーが総代理店となり、1995年に輸入販売を開始。約10ヶ月で320万個を販売。体内に五つのセンサーを搭載し、受けた刺激によって歌ったり、踊ったりする。

まぼろしのアイボ

ちょっと気持ち悪いくらい生き生きとした動きで、中に人が入っているのではと思わせる4脚ロボット「ＢｉｇＤｏｇ（ビッグドッグ）」や、驚異の身体能力をもつヒト型ロボット「Ａｔｌａｓ（アトラス）」で有名なボストンダイナミクス社と、アイボにつながりがあったことをご存知でしょうか？

ボストンダイナミクスは１９９２年にＭＩＴの人工知能研究所からのスピンオフとして創業されました。そして最初の10年ほどは、物理シミュレーションソフトを売っていました。リアルな人間モデルが自律的に動くもので、作戦の検討や訓練用などにアメリカ陸軍に提供されていました。メインの事業はロボットではなかったのです。ボストンダイナミクスの社屋は、今でこそボストン郊外の駐車場のある広い敷地に建っていますが、当時はＭＩＴから歩いて10分ほどのセントラル・スクエア駅そばのビルに入っていました。

ソニーとボストンダイナミクスは、共同で小型ヒト型ロボットＳＤＲ－３Ｘのシミュレーターを開発していました。２００１年にひっそりとプレスリリースを出し

ボストンダイナミクス社

ましたが、ほとんど知られていません。

ソニーとボストンダイナミクスの共同研究の中で「走るアイボ」が試作されました。ノーマルアイボの歩行はゆっくりです。ノーマルのアイボにサッカーをさせるロボカップ四足ロボットリーグでは、いかにアイボの移動を高速化するかで各チームが工夫を凝らしていました。ROBODEX2002※というイベントで、頭だけ初代アイボ、身体は全く別物、耳を揺らしてぴょこぴょこ走るアイボが紹介されました。移動速度はノーマルの約10倍だそうです。人間の歩行速度に近いスピードです。

時は流れ、新型アイボはトコトコとそれなりのスピードで早歩きできるようになりましたが、もちろん本物のイヌほどではないし、どうしても関節のモータ音が大きくなってしまいます。まぼろしの走るアイボが製品化されていたら、帰宅した飼い主を迎えに玄関まで走ったり、ボールを追って野外を元気に駆け回ったりするアイボが見られたかもしれません。

ROBODEX2002：初回は2000年11月にパシフィコ横浜で開催（主催はROBODEX実行委員会）。27の企業・団体が参加し、パートナー型ロボットなどを展示した。2017年からはじまったロボデックスとは別物。

ロボットとスマホのちがい

さまざまな事例をみると、ロボットビジネスはすぐには軌道に乗らないようです。とすれば、時代が追いついてよさが認められるまで、じっくり育てる必要があるでしょう。

シャープのモバイル型ロボット電話「ＲｏＢｏＨｏＮ（ロボホン）」は、２０１６年に発売されました。ロボホンは携帯電話ですが、見た目はヒト型ロボット。身長は20センチメートルくらいでとても小さいのにモータが13個も入っていて、大きさの割によく動き、多芸です。デザインと開発はロボットクリエーターの高橋智隆※さん。ペットロボットと同じような立ち位置にありながら、おしゃべりや留守番など、多彩な機能をもっています。最初、ロボホンは月産５０００台という設定だったようです。もしかすると、月間出荷数は計画の10分の1くらいだったかもしれませんが、２０１９年には第2世代が発売されるなど、粘り強く地道に改良が続けられている製品です。

10年後にロボホンがまだ売られているかわかりませんが、きっと子孫にあたるロ

高橋智隆：ロボ・ガレージ代表取締役。ヒューマノイドロボット「ロビ」、乾電池で動くロボット「エボルタ」などの開発者。

ボットが作られるでしょう。というのは、生みの親の高橋さんがいる限り、ロボホンの仲間は作り続けられるからです。ロボットを作るのは人間です。人間の情熱が続く限り、ロボットの探求は途切れないのです。

ロボット市場の将来性を考える時、ロボットを第二のパーソナルコンピュータだとか第二のスマートフォンだとかいう人もいますが、わたしはちがうのではないかと思います。どのようにちがうのか考えてみます。

パソコンやタブレット、スマホは、例えるなら「窓」です。パソコンがネットから切り離されてスタンドアローンだった時はもっと「計算機」らしかったと思います。インターネットにつながり、クラウド化された時、ユーザーが見ているのは画面のようで画面ではありません。画面という窓を通して、ソフトウェアで描かれた世界やネットでつながった情報世界を見ているのです。目の前の計算機の存在はユーザーの意識に上らない透明なものになりました。窓の機能の本質は、いかに窓を意識せずに景色を眺められるかであって、窓自体は目立たない方がいい。実際、スマホやタブレットの画面が占める面積はどんどん広くなり、ボタンは排除され、薄く軽くなる傾向があります。究極的にはガラス板も消し去って、幻視を見るように使えるのが理想です。

画面上のグラフィカルユーザーインタフェースのほかに、音声インタフェースも実用段階に入っています。スマートスピーカーという、かいつまんでいうと声を情報に変換できるデバイスが普及しています。話し相手になる人工物という意味では、ロボットにちょっと似ていますが、マイクとスピーカーさえあれば機能するのでスマホに近いでしょう。人の声を聞いて照明を操作したり、音楽を流したりする機能は、例えるなら「耳」です。耳としての機能を突き詰めたら、現状の置物みたいな本体は耳にしては大きすぎます。どこにいても呼べば反応して欲しいし、スピーカーがどこにあるか意識しなくても幻聴のように聞こえるのが理想です。

スマホもスマートスピーカーも、物質的な部分をいかに目立たないものにできるかで勝負しているように思えます。情報が主で、ハードウェアが従。電源を切れば、スマホはただのガラス板、スマートスピーカーはただの置物。ロボットはどうでしょうか。例えばアイボの電源を切っても、顔があり耳がありしっぽがある。ロボットを見る人は、ロボットの身体、つまりハードウェアそのものにも意味を感じ取ります。ロボットの機能は、変化できない物質的な部分に多く依存しているのです。

一方で、ロボットは動きのソフトウェア次第でいろいろなことができます。用途が定まった掃除機や洗濯機などの生活家電に比べると、ユニバーサル（汎用的）だといえるでしょう。例えば新型アイボは、見た目を変える方法は着せ替えくらいですが、ハロウィンなどのイベントごとに特別な仕草をダウンロードでき、新しい動きを見せてくれます。

人間のようにユニバーサルなヒト型ロボットの実用化を目指すのは、まだまだ先時期尚早だとわたしは思います。現状では、ハードウェアの性能もソフトウェアの賢さも、ハードウェアとソフトウェアの連携も、課題が山積みだからです。とはいえ、完全にあきらめたらロボットは従来の機械の枠を越えることができません。人間の知性に迫る汎用人工知能（ＡＧＩ：Artificial General Intelligence）という大きな目標とは別に、特定のタスクに特化した人工知能が開発されているのと同じように、掃除ロボットのような専用ロボットが何種類か普及して市場を形成し、汎用ロボット開発の礎となっていくというロードマップをわたしは思い描いています。

かつて、初代アイボの販売と並行して、ソニーでは小型ヒト型ロボット「キュリオ」の製品化が模索されていました。結局、あまりにも高価で、アイボと同時に開発中止となってしまったのですが、非常に完成度の高いロボットでした。今、キュリオは、スマートロックやIoT機器を手がけるソニーの子会社の名前として残るのみです。

わたしもキュリオ社のスマートロック「キュリオロック※」を利用しています。ヒト型ロボットのキュリオとは遠くかけ離れた姿ですが、スマートロックもモータを内蔵してドア錠のサムターンを回してくれる一種の小型ロボットです。名前だけのつながりですが、スマートロックは、ヒト型ロボットの進化系のようにも見えてくるし、いまだ見ぬ未来の汎用ロボットのプロトタイプのようにも見えてきます。

キュリオロック：ソニーの子会社であるキュリオ社の製品。スマホのアプリから錠を操作できる。合鍵を発行して複数人で使うことも可能。

掃除機を愛でる

動物を飼うということは、人間とはちがう生態をもった生物と共生する楽しみだと思います。イヌやネコは、そのぬくもりや、なでると喜ぶところは人間と似ていて、だからこそ同棲しやすいのでしょう。一方で、散歩が欠かせないとか、動くものを狩りたくなるとか、人間とちがう習性も楽しい部分です。魚や昆虫はなでてもよろこびませんし、爬虫類の考えていることはいまひとつわかりません。それでも、それぞれの生物に愛着をもてる人間の心理は不思議なものです。

本物のイヌやネコと、ロボットのアイボの大きなちがいの一つは、エサを食べないことです。無愛想なネコでも、エサはねだってくるし、飼い主もエサ目当てだとわかっていても、頼られるとまんざらでもない。エサやりができないということは、毎日のコミュニケーションの一つが失われています。

じゃあペットロボットにも食べる機能をつければいいじゃないかというのは安直な発想ですが、それもちょっとちがうように思います。充電することを「食べる」といってみることはできますが、それはやっぱり動物の「食べる」とはちがうし、食べたらウンコが出るはずですが、ロボットはウンコもしません。

ロボットのふるまいには生物ほどの長い歴史がありません。それは人間がデザインし、短期間で作りこんだものです。だからこそ深みと広がりを作るのが難しい。ネコにキュウリを見せると驚くとか、イヌは寝床に落ち着く前にその周りをぐるぐる回るとか、そういう仕草は作られたのではなく、生来のものだからこそ面白い。

新型アイボの愛らしさは、イヌをまねることで作っています。つまり、動物の形態、そして生態を借りてきているわけです。伸びをする、足を上げてマーキングをまねる、走った後にハアハアと息を切らしたような動きをする。ロボットの身体では、それらの動きに意味はありません、おしっこは出ないし呼吸もしていないのですから。部品が消耗するだけです。でも、人間はそこにイヌらしさを見いだし、かわいさを見いだすのです。

イヌとロボットはちがうので、人間の働きかけとロボットの反応の不和も時々起こります。新型アイボにはおなかを見せてバタバタする仕草があります。人間はおなかをなでなでしますが、残念なことにアイボのおなかにはセンサがない。なでても気づかない。

とはいえ、アイボのモーションはよく作りこまれています。かわいい動きを本気で作ることは、ただかわいがることよりも難しい作業です。ペットの毛をかわいく刈るトリマーに技術が必要なのと同じです。かわいいを作るには技術がいる。新型アイボの開発では、「バイバイ」がいまいちかわいくないとか、「ほめてほめて」のポーズがまだできてないとか、締め切りに追われたエンジニアの涙ぐましい努力があったにちがいありません。

デザインされたかわいさがある一方で、愛想がないはずのロボット掃除機にも、かわいいところがあります。ロボット掃除機の丸みやくるくるした動きは、人間に見せるものではなくて機能と直結したものです。充電ステーションに戻っていくのも、そうしなければ電池切れを起こすからです。でも、愛らしさを感じる余地は十分にある。それを見いだすのは、人間の心です。

イヌは、狩りを手伝う猟犬や、ウシやヒツジの飼育を助ける番犬、見世物のための闘犬など、役目を与えられてたくさんの犬種が人為的に作出されてきました。ペットとしてのイヌは、かつての猟犬としての体型や習性を残しつつ、それは、投げたボールを取ってくるくらいに形骸化しています。

ロボット掃除機に掃除をさせることをやめて（ゴミを吸わせるなんて！）、その形状や動きを愛でるだけの楽しみ方もあり得ます。ただ動いているのが仕事というわけです。そこまでいくと、ロボットと人間の共生が、使役という形式から逸脱して、文化として独特の発展を遂げる第一歩になると思います。

かわいいロボット

ロボットの未来は、ロボットの「役立ち方」をどれだけ拡張できるかにかかっていると思います。製品を組み立てる、溶接をする、皿を洗う、掃除をする、そういったことばかりが「役に立つ」ではありません。目に見えない作用として、人間の心に働きかける仕事がますます大事になっていくでしょう。

例えばものを買う時、価格の比較などと合わせて、感情が意思決定を左右します。ソフトバンクのペッパーは接客業に多く使われていますし、ヤマダ電機でペッパーに商品説明をさせる調査も行われました。かわいいから、応援したいから、といった気持ちで購入を促すこともできるでしょう。ペットロボットで、かわいい動きを1000円で配信、特別なデジタルエサが1袋1000円、といったゲームアプリの課金のようなこともできるでしょう。ロボットでは、まだ無形のものをお金と交換するようなビジネスモデルは確立されていないようです。あからさまな課金はオーナーを不快にさせかねないのでデリケートです。

新しいタイプのかわいいロボットが2018年に発表されました。Ｇｒｏｏｖｅ

Ｘ社の「ＬＯＶＯＴ※（ラボット）」です。わたしも、かわいいロボットが開発中ということを少し前から噂に聞いていたので、いつ出るのかなと楽しみにしていました。ちょんまげのついた丸いペンギンのような外観で、車輪で移動します。触り心地のよさそうな毛皮を着ていて体温もあるところが、家電製品とは一線を画しています。はねみたいな手をぱたぱたさせる仕草がかわいい。ただ、高級路線なので高価で手が出ないという声はよく聞きます。

もっと手頃な値段のかわいいロボットとして、ユカイ工学が２０１８年に発売したしっぽつきクッション型セラピーロボット「ＱｏｏＢｏ（クーボ）」があります。触り心地のよい毛皮と、表情豊かに動くしっぽを備えたシンプルなロボットです。相手をせずに放っておいても罪悪感のない適度な存在感をもっています。

現在世の中に出ているロボットだけでは、まだまだ人間の多様なかわいいの感性をカバーしきれません。もっと多様なロボットが登場し、かわいいロボットの戦国時代が到来すれば、人がロボットに何を求めるのか、ロボットへの愛着とは何かの解明が進むと思います。

ロボットをかわいがることは、他人や自分をもっと大切にすることにつながるか

ＬＯＶＯＴ：タッチセンサーや6層のアイディスプレーなどで豊かな感情を表現。人になつくロボット。

ＱｏｏＢｏ

もしれません。人口減少が運命づけられた日本、ネガティブな未来像が語られやすいからこそ、さまざまな局面で自尊心が大事になってくるとわたしは思います。自尊心とは、傲慢や自分勝手とはちがって、自分を客観的に認め、それによって他人に対する余裕がもてる状態だと考えます。そしてもちろん、他人をたたくことで相対的に得られるような優越感でもありません。かわいいロボットへの期待は、人間に寄り添い、直接触れ合うことを通じて、心の健康によい影響を与えることです。

「かわいい」は、数値で表せるスペックとはちがって、人間のエモーションに関わる主観的な価値です。かわいいロボットに必要な人間とロボットのインタラクション※をデザインできて、多くの人に好かれるロボットを作れる才能が求められています。

インタラクション：相互作用。例えば、ロボットをなでると、動きで反応すること。

スポーツは身体に悪い？

身体を動かすことは健康維持のために重要です。動いた方が身体の調子がよくなるのは、実は人間らしい性質です。その一方で、激しい動きをすることはさまざまなけがの元でもあります。

　ホンダのヒト型ロボット、アシモは全身運動のデモンストレーションとしてラジオ体操ができました。人間にとって、体操は健康増進に効果があります。身体を使わないと筋肉は衰え、関節の可動範囲は狭くなり、いいことがありません。一方、ロボットが体操をすると、潤滑油を温めるくらいの意味はあるかもしれませんが、モータなどの部品が消耗して、基本的には寿命が減ります。人間だったらよく運動する人は運動不足の人より優れた身体能力をもっていますが、たくさん走ったクルマは走行距離がカウントアップされて中古扱いです。アシモは、体操をする暇があったら、さっさと歩き出した方が身体によいのです。

　生物は動けば動くほど適応し、強くなる。機械は動けば動くほどすり減り、寿命が短くなる。成長、そして適応が、今のロボットに欠けているものです。

　ロボットのサッカー競技大会に「ロボカップ」があります。ロボカップは、２０５０年にロボットのサッカーチームが人間のプロチームを負かすという挑戦的なゴールを掲げてはじまりました。普通に考えたら、プロのサッカー選手にロボットが勝てるわけがありません。人工知能が強いチェスや囲碁※とはちがって、まさ

人工知能が強いチェスや囲碁：１９９７年、ＩＢＭのＤｅｅｐＢｌｕｅが当時のチェスの世界チャンピオンに勝利。２０１６年にはディープマインドのアルファ碁がトップ棋士に勝利。同社は２０１７年に独学で囲碁を学ぶ人工知能「アルファ碁ゼロ」を開発した。

に身体と身体がぶつかり合う難しい課題だからです。ただし、ルール次第ではロボットも健闘しておもしろい試合になるかもしれません。

ルールを作ると、どうしてもルールの抜け穴を突いて勝つ戦略が出てきます。人間は、体格が少しくらいちがっても、おおむね同じような身体を持っているわけですが、ロボットの身体は自由に設計できてしまいます。人間とロボットが混じるとスポーツの大前提が崩れてしまいます。例えば、サッカーでボールをキックすることをどう定義すればよいでしょうか？　大砲や強力なローラー式を禁止しなければ、人間のキーパーは殺人シュートから逃げるでしょう。ロボットのサイズ制限も必須でしょう。そうでなければ、肩幅2メートル、胸の厚み2メートルのロボットでドリブルすれば有利です。ロボットなら3メートルジャンプして空中でパス回しもできるかもしれません。超人スポーツ※の領域です。プロとはいえ生身の人間がロボットに対抗できるでしょうか？

そんなことになるのは、手段を選ばず勝とうとするからであって、スポーツを楽しむことを思い出した方がよさそうです。わたしは、ロボットが参加する新しいスポーツの登場を期待しています。今でも、ロボット競技はいろいろ開催されていま

超人スポーツ：ハイテクとスポーツを掛け合わせたもの。HMDを装着し未来型車いすレーサーに乗って、最高速度60キロメートルのレース世界を体験するなど、さまざまなスポーツがある。

す。学生が参加するロボットコンテスト、略してロボコン※は、理系のスポーツと呼ばれます。ロボット同士を戦わせているように見えて、実はロボットを作った学生チームが競い合っている、人間の大会なのです。これはまさに、ロボットと人間が協力して成り立つスポーツです。ただし、今のところはロボットばかりが動いているので、人間の運動不足は解消されません。野球に付き合ってくれるヒト型ロボットはいませんが、野球をしたい時にボールを投げてくれるロボットならもう普及しています。そう、バッティングセンターのピッチャーロボットです。他にも、バイクやフォーミュラカーのレースは、人間と機械が一体化して競うもの。モータースポーツは人間と機械のスポーツです。ロボットだけに競わせるのではなく、人間とロボットが協力する新しいスポーツを一緒に考案してみませんか。

ロボコン：ロボット競技全般を指す。日本で初めてのロボコンは、1980年に行われた「日本マイクロマウス大会」とされる。ロボカップ、高専ロボコンなど国内で複数開催されている。

巨大ロボット

樹でも建築でも、ただ大きいというだけで、見ると感動と興奮がわき起こります。ただ立っているだけでそうなのですから、ファンタジーの中で、ダイナミックに動く巨大ロボットが人気なのもわかります。恐竜の魅力も「巨大」絶滅生物であることが大きいのではないでしょうか。
カレル・チャペックの『R．U．R．』の中で、人間よりも大型の人造人間も試作されたが、うまくいかなかったので等身大に落ち着いたという記述があります。考えてみればロボットの大きさは都合に合わせて自由に設計できるはずです。
マンガやアニメの中での巨大ロボットの祖先といえば、1956年に連載を開始した横山光輝によるマンガ『鉄人28号※』です。その後、手塚治虫『魔神ガロン※』や『マグマ大使※』など、巨人ものがいくつも登場しました。巨大ロボットがその地位を確立した転機は、1972年に始まった永井豪原作によるテレビアニメ『マジンガーZ※』から。マンガとテレビアニメと玩具の連携するマーケットが形成され、巨大ロボットの豊かな文化が広がっていきました。
実世界ではどうでしょうか。巨大ロボットが、悪の組織への対抗など、実用目的で開発されることはありませんでした。でも、2009年には神戸市の公園に身長18メートルという設定で鉄人28号の像が建ちました。また、同年はガンダム※放送開始30周年にあたり、高さ18メートルの実物大ガンダム立像がお台場・潮風公園

鉄人28号：横山光輝のマンガ。潮出版社。1956年に『少年』で連載が開始された。実写テレビドラマ、アニメなど数多く作品が残されている。

魔神ガロン：手塚治虫のマンガ。講談社。1959年に『冒険王』で連載が開始された。

マグマ大使：手塚治虫のマンガ。講談社。1965年に『少年画報』で連載が開始された。1966年にテレビドラマ化。日本初の全話カラー放送された特撮ドラマ。

マジンガーZ：永井豪によるマンガ（徳間書店）、テレビアニメ作品。1972年にマンガの連載、アニメの放映が開始。

に登場、場所を変えて2012年から5年間、お台場に立ち続けました。そして2017年、古いガンダム立像は解体され、新しく実物大ユニコーンガンダム立像が建造されました。
ガンダムは兵器ですが、マンガ家ゆうきまさみ原案による『機動警察パトレイバー※』には、より現実味のある大型のヒト型作業機械「レイバー」が登場します。新劇場版公開に合わせて、2014年には全長8メートルの実物大パトレイバーの像が作られました。輸送車の荷台に載った移動しやすい形式になっており、その後、各地でデモが行われました。また、別のパトレイバー立像が2016年から長崎のハウステンボスで常設展示されています。
巨大ロボットの立像、これらに最も近いのは巨大仏でしょう。大きな仏像といえば座高15メートルの奈良の大仏は有名ですが、実は全国にガンダム立像並みの巨大仏※が50体以上も立っているのです。例えば、1992年に完成した茨城県にある牛久浄苑の身長100メートルの牛久大仏が有名です。これは展望台のある高層建築物で、川田工業の建築事業部が担当しました。ちなみに、川田工業はいくつかの事業を手がけていますが、のちにロボティクス事業部を創設し、いまは子会社のカ

ガンダム：『機動戦士ガンダム』として1979年にテレビアニメが放映。総監督は富野喜幸。映画、マンガ、小説など幅広い作品として展開。ガンダム40周年を記念した作品が、2019～2020年に立て続けに公開される。

機動警察パトレイバー：1988年に発表されたヘッドギア原作の作品。マンガ、アニメ、小説などメディアミックスで展開された。

巨大仏：中野俊成著『巨大仏!!』（河出書房新社、2010年）を参考。

ワダロボティクス※に引き継がれています。

ロボット立像や巨大仏は、残念なことに関節が動かないハリボテです。青森のねぶた祭りを思い出します。しかし、立っているだけでこれだけの集客力があるということは心強くもあります。

とはいえ、動かないロボットはロボットじゃない、とロボット研究者としては思ってしまいます。ちゃんと動くという点ですばらしい興行を行っているのが、巨大な人形や動物を製作しているフランスの工房La Machine（ラ・マシーン）です。ラ・マシーンの機械はクレーンや台車で支えられており、動かしているのはたくさんの人間。つまり、操り人形の巨大版です。自律ロボットとはいえないのですが、完成度の高い造形、物語性、豊かな動きの表現は、巨大ロボットが人々を楽しませ、共存している未来を感じさせます。

本当に二足歩行する巨大ヒューマノイドロボットも開発されていますが、まだ世界でも数台しかありません。日本では、個人経営のはじめ研究所と、西淀川区の中小製造業有志が、身長4メートルの「はじめロボット43号機※」を開発。韓国では、民間企業Hankook Mirae Technologyが身長4メートルの大型ロボットを開発

カワダロボティクス：2013年に川田工業ロボティクス事業部から事業開発・技術開発部門が独立し設立。

La Machine

しました。

　そこまで巨大とはいえない高さ4メートルのヒト型ロボットですら、開発費がかさみ、製作できる人も場所も限られます。もし大型ロボットが転倒したら、危険な上にロボット自体も壊れてしまうでしょう。10メートルに満たない「レイバー」サイズを作るのでも無謀な挑戦、ましてや20メートル近いガンダムを作って動かすのは残念ながらかなり難しいことです。

　操縦方法も課題です。映画『パシフィック・リム※』には全長80メートルの巨大ロボット「イェーガー」が登場します。パイロットはロボットに直接乗り込み、神経接続スーツを着て動作をロボットに伝えます。とてもロマンのある操縦方法ですが、当然ながらパイロットは戦闘中かなりの危険にさらされます。

　ここまで書いておいて裏切るようですが、わたし自身は、重厚でメカメカしい巨大ロボットにはあまり興味がありません。同じ巨大ロボットでも、もっと生き生きと動く別の機構が必要だと考えています。わたしが中二の時にのめりこんだのは『新世紀エヴァンゲリオン※』でした。一見するとロボットに見えるエヴァンゲリオンは、実は巨大な人造人間です。機械ではなく、人造人間がわたしの巨大ロボッ

はじめロボット43号機：２００２年に1号機として小型二足歩行ロボットの開発に取り組み、２０１８年に43号機が完成した。最終的にはガンダムサイズ18メートルを目指す。

パシフィック・リム：２０１３年のアメリカ映画。監督はギレルモ・デル・トロ。日本のロボット、怪獣映画、マンガの要素を感じる作品。菊地凛子、芦田愛菜が出演している。

トの原点です。『風の谷のナウシカ※』に出てくる巨神兵もまた、人類が創造したバイオロボットの究極の形です。『進撃の巨人※』にも興味深い描写が見られます。巨人は、特殊な能力をもった人間が自分の身の回りに巨大な肉体を生成して、自身は巨人のうなじに埋めこまれる形で巨人と一体化して行動します。これは、人間が「乗る」巨大ロボットの最新型なのかもしれません。

ドローンで幽体離脱

お盆の時期、地域によっては先祖の霊のためにキュウリやナスで精霊馬という乗り物を作って備えます。霊の乗り物は、きっとシートベルトもいらないし、お互いにぶつかったりもしないのでしょう。

現在のクルマと、その周辺システムは不完全といわざるを得ません。ロボットカーが開発され、公道を試験走行しているかたわら、交通事故で亡くなる人※はいまだに年間数千人います。クルマの強度や燃費など、機械の性能は向上しています。でも、スピード違反、飲酒運転、居眠りなど、人間の意思決定の関わるところ

新世紀エヴァンゲリオン：１９９５年から放送されたテレビアニメ。庵野秀明監督。貞本義行によるマンガも（ＫＡＤＯＫＡＷＡ）。

風の谷のナウシカ：宮崎駿によるマンガ。徳間書店。完結まで22年かかった。劇場アニメは原作マンガの２巻程度で、物語はより深く広い。

進撃の巨人：諫山創によるマンガ。講談社。巨人化の秘密を巡って、人間vs巨人の構図は劇的に変容していく。

交通事故で亡くなる人：警察庁交通局「平成29年中の30日以内交通事故死者の状況」より。

に、テクノロジーは踏みこめないでいます。

いっそ乗り物に人間が乗るのをやめた方がいいのではないでしょうか？　乗らない乗り物はどうでしょうか。ドローンのレースを見ると、そんな乗り物の未来が見えてきます。

ドローンレース※は、日本でもいくつかの団体が大会を開いています。ドローンレースはクルマのレースと同じようにタイムを競う競技ですが、順番通りに柱を回ったり空中のリングをくぐったりとコースは立体的です。世界大会ともなると、コースの広さは陸上競技場いっぱいにもなります。コンピュータゲームが現実化されたようなその様子は必見です。

操縦者はヘッドマウントディスプレイ（ＨＭＤ）をかぶり、ドローンに搭載したカメラからの映像を見ながら椅子に静かに座ってコントローラを操り、激しいレースを繰り広げます。その様子はとても未来的です。Ｆ１レースのドライバーが、加速度に耐えるフィジカルな強さも必要なのとは対照的な操縦スタイル。ドローンがフィールドの柱に衝突したり、ドローン同士が接触したり、事故も起こります。しかし、操縦者は激しいクラッシュがあっても命に別条はなく、高価なドローンを修

ドローンレース：主催団体として、一般社団法人日本ドローンレース協会（ＪＤＲＡ）、Drone Impact Challengeを運営するFPV Robotics、一般社団法人ジャパン・ドローン・リーグ（ＪＤＬ）などがある。

理するためにふところが痛む程度で済むのです。

モータースポーツも、このように遠隔操縦のロボットカーで行われるようになる可能性はあります。F1カーの世界では、安全性の議論が活発です。危険であることがF1カーの魅力であるという人がいる一方で、主催の国際自動車連盟（FIA）は安全対策を年々強化しています。今後も、スポーツにおける死の予感を限りなく小さくする努力が続けられるでしょう。さらにその先、人間に限らずヒトや動物の姿に近いロボットが傷つくような見世物も悪趣味とののしられることになるでしょう。

ドローンレースのかなめは、遠隔カメラとHMDで成り立つFPV（first person view、一人称視点）です。操縦者は、小さくなってドローンに乗りこんでいるかのような、あるいは魂だけドローンに乗り移ったかのような操作感が得られます。操縦している自分の姿を、空中からいろいろな角度で眺めることさえできるのです。これはテクノロジーによる幽体離脱です。

ろくろっ首という妖怪がいます。首が伸びるものと首が抜けて飛行する2種類がいるようです。怖いですね。ところで、頭部が飛行できるタイプのろくろっ首は、ドローンレースの操縦者にそっくりです。ドローンを使って普段から首だけ外出する生活はどうでしょうか。人と会って会話するにも、概ね首から上があればいいでしょう。握手はできませんが表情や視線は伝わります。気球か飛行船のように、頭だけがぷかぷか飛んで出勤。元気な人の頭はマルチコプターのように機敏。会議も頭だけでできます。身体は自宅かオフィス、頭は会議室。人に会うのが頭だけなら、髪型を何とかして化粧をすれば、首から下はおしゃれする必要もありません。

テクノロジーによる幽体離脱体験が、人間の空間認知能力、ひいては行動や世界観を変える体験になるのではないかとわたしは期待しています。写真や鏡で自分の姿を見て、口が半開きだとか姿勢が悪いことに気づくことがあるでしょう。普段、わたしたちは一人称視点でしか世界を見ていません。文字通り自己中心的な視点です。他人の目から見たり誰でもない視点で広く俯瞰したりするような認知体験は、宇宙に出てロケットから地球を見ることのように、人の考え方を大きく変えるかもしれません。

ロボットで旅行

満員電車に乗り合わせると、みんな移動するのをやめて家で仕事ができればいいのにと強く思います。交通機関は生きた人間の身体を運ぶためにありますが、温湿度の変化に弱く、近づけすぎるとケンカを始めるような人間を運ぶより、もっと効率的な方法はないでしょうか。仕事の半分くらいが電子メールのやりとりなら、どこにいてもできるのだから、出勤のための往復移動はエネルギーのムダに思えます。それか、マンガ『ドラえもん』に出てくる「どこでもドア」が欲しい。

いまだにわたしたちはオフラインで直接人に会うことを好み、または直接会うことを強いられます。オンライン会議システムはありますが、残念ながら直接面会するよりもやりとりが難しいのが現実です。声が聞き取りにくいだけでなく、目の前にいるかいないかが、人間の情動や認知に影響をおよぼしていると思われます。

わたしは時々、ミーティングに代理のロボットで出席することがあります。使っているのはDouble Robotics（ダブルロボティクス）社の「Ｄｏｕｂｌｅ（ダブル）」です。セグウェイのようにバランスをとって動く2輪の台車から棒が長く突き出

Double

て、ちょうど頭の高さくらいに通話中の操縦者の顔を映したタブレット端末を立てることができます。テレビ会議とちがうのは、ロボットが話している人の方を向いたり、机から離れて会議室を歩き回ったりできることです。もちろん、ロボットはあらかじめ会議室に設置されている必要があります。

このように、アバターを通じて遠隔地でタスクを行う技術をテレプレゼンス※といいます。テレプレゼンスには、ユーザー自身がアバターとの一体感を感じることと、周囲の人がアバターにユーザーの存在を感じとることの、二つの側面があります。テレプレゼンスのためのロボットがテレプレゼンスロボットです。

ダブルロボットは、テレビ会議システムに移動ロボットの操作インタフェースを足しただけのシンプルな構成です。もう一段階進めて、ユーザーとロボットの動きを同期させ、ＨＭＤを使ってロボットからの映像・音声を体験すると、そのロボットにのりうつったかのように感じられてきます。さらに高度なシステムでは、触った感触の一部も特殊なグローブなどで伝えることができます。そこまでいくと、没入感と一体感が増して、遠隔操縦ではなく、テレポーテーションに近づきます。

テレプレゼンスロボットの使いどころは、会議や視察などのビジネス用途や、人

テレプレゼンス：テレイグジスタンス（遠隔存在）とも呼ばれる。

テレプレゼンスロボット（トヨタ自動車製）

間が行けない海底や原発事故現場での作業の他に、エンタテインメントにも広がっています。例えば、テレプレゼンスを使った旅行です。アバターロボットに乗り移って外国の街をぶらぶらして、美術館に入ったり、人々に話しかけたりするのはどうでしょうか。

もちろん、異国の空気を吸い、見聞きし、食べ、出会うことの全てをテレプレゼンスで代替できるとは思いません。いろいろなものがデジタルデータとしてコピーできる時代にあって、旅行の体験はまだコピーも共有も難しいものです。けれども、そこに直接行くことが本当に大事なのか考え直してみてもいいと思います。有名な観光地や、有名な美術館、そこを訪れた人が残した膨大な動画像やテキストを摂取すれば、得られる情報の量は1人の体験よりもはるかに多いでしょう。伝聞がテクノロジーによって非常にリッチになった結果、データの総体は個人の体験を上回る段階にきています。「百聞は一見にしかず」は今も意味のある言葉ですが、見るだけなら、最近のディスプレイは人間の目の解像度を超える性能を備えています。

テレプレゼンス旅行の方が、生身の旅行を超える体験ができる場合もあるでしょう。例えば、登山する体力がなくても、山頂にロボットが置かれていれば、山頂に立ち、日の出を眺めることもできます。登山客が残すゴミの問題なども解消できるでしょう。生身の身体を危険にさらす恐れもありません。飛行機や船が怖い人にもぴったりです。決して行くことのできない、月面旅行も現実味を帯びてきます。

旅行の価値は、生身でリアルに体験することだけではなく、自分で選んで見聞きする部分にもあるとわたしは思います。気になる路地に入ってみたり、何気ない風景に足を止めたりといったことです。同じものが一つとしてない、偶発性も含めての体験の寄せ集めが旅行です。それは、ロボットのアバターで散歩しても得られることです。1台のロボットに複数の友達と乗り移れば、同じものを見聞きし、その場で感想を言い合うこともできるでしょう。匂いや味は伝わってこなくても、テレプレゼンス散歩は十分楽しそうです。

一つ心配事は、テレプレゼンスによる旅行が、時差ボケのような、認知のズレを起こすのではないかということです。わたしなんかは、今でも外国に行って帰ってくると、幽体離脱してから肉体に戻るのに失敗したような、自分がどこにいるのかわからない気持ちになります。

テレプレゼンスを開始する時には、幽体離脱をする正しい手続きといいますか、それなりの儀式あるいは演出が必要だと思います。ゴーグルをかけると旅行先である、という状況は全く情緒に欠けています。ゴーグルを脱ぐと家、という状況も人を混乱させます。人間の脳は、そんなに切り替えが早くないかもしれないからです。そういう意味では、アナログ旅行で、わざわざ空港に行ってたっぷり時間をかけて飛行機に乗るというプロセスは、異国の地に行く時間のかかる儀式と思えば我慢できるかもしれません。それにしても時間がかかりすぎですが。

ひみつ道具の「どこでもドア」は、そういう意味ではわかりやすい「あちら」と「こちら」の境目を提供し、ドアの開閉というメタファーによって、人間の認知にも優しいインタフェースなのかもしれません。

第四章

ロボットから学ぶ

ロボットを考えることは、人間を考えることにつながります。
人間とロボットのちがいはなんでしょうか？
ロボットは意識をもつのでしょうか？
答えのないこれらのクエスチョンの先に、人間とロボットの未来がありそうです。

ロボットにまかせてはいけないこと

カレル・チャペックの『R．U．R．』で、人間がロボットにあっさりと負けてしまった原因はなんだったのでしょうか？　劇中、出荷されたロボットが軍事転用され、誰かがロボットに武器をもたせ、戦いを教えたことが示唆されます。ヒト型ロボットは、汎用的であるが故に、教えられれば兵士にもなり、結果、人間を殺していったのです。ひとつ言えるのは、自律ロボットに武器の扱いをまかせてはいけないということです。

戦後間もない1949年に設立された日本学術会議※は、1950年に「戦争を目的とする科学の研究には絶対に従わない声明」、1967年には「軍事目的のための科学研究を行わない声明」を出しました。そして2017年、これらの声明を踏襲した「軍事的安全保障研究に関する声明」を採択しました。この動きは、防衛装備庁※が、安全保障技術研究推進制度と呼ばれる研究費の助成を2015年からはじめたことに端を発するものです。

この助成制度で安全保障技術研究として募集されているのは、「サイバーセキュ

日本学術会議：内閣総理大臣の所管する内閣府の特別機関で、日本の科学者の代表機関として政策提言などを行っている。また、各分野の学会を認定する。

防衛装備庁：2015年に発足した防衛省・自衛隊の外局。

リティ」「触力覚センシング」「水中での電力伝送」「バイオセンサ」「ナノ結晶材料」などの基礎研究です。つまり、内容に関しては普通の科学研究と変わらないわけです。今はまだ、防衛省からの研究費の受給を認める大学・研究機関とそうでない組織がありますが、大学や企業からの応募と採択実績は着実に増えています。

民生部品で人工衛星やロケットが作られる時代ですから、軍事技術と民生技術の区別はできないといっていいでしょう。そうなると、予算の出どころで判断するしかないのですが、それも簡単ではありません。例えば、アメリカのロボット研究は、DARPAという国防総省の機関からの研究開発支援を多く受けています。だからといって、軍人と仕事をする訳ではなく、かなり荒唐無稽な、未来的なミッションに基づいた基礎研究が多く行われています。日本の大学や研究所が所属研究者に支給する研究費は、それだけでは研究ができないほど少ないのが普通です。外部から研究費をもらう他ありません。防衛予算を取りにいくことは止めにくいし、組織によっては推奨されるかもしれません。

そうなると、越えてはいけない一線は、人間を直接傷つける兵器の研究をしないことです。しかし、現代の兵器はシステムであり、単純に銃や銃弾を研究しなければば済む話ではありません。ドローンから爆弾を落とせば攻撃であり、食料を落とせば救助になるのです。また、低致死性の兵器ならいいのかという、グレーゾーンの議論も必要になってきます。

マンガ『機動旅団八福神※』に登場する搭乗型ロボット「福神」は特殊なゲルが詰まった着ぐるみで、生体信号を読み取って力を増幅します。ゲルによってどんな攻撃からも操縦者を守ることができる福神は、誰も死なない戦争を可能にする技術のはずでしたが、逆に脅威となっていきます。福神に敵対するアンチ・ニュートン社のロボットは、精神感応で遠隔操縦が可能なロボット。これも人が死なない戦争の道具のはずでしたが、精神感応のためにロボットに組み込まれていたのは死刑囚の脳髄だったという、倫理上のスキャンダルが明らかになります。

世相は目まぐるしく変わっていきます。国を守るという大義名分のもと、人を傷つけることを目的とした技術までもが肯定されてしまう恐れは十分にあります。果たして科学者・研究者は踏みとどまれるでしょうか。研究しなければクビだといわれたら、国や企業研究所の研究員は、研究対象を選べるでしょうか。生活のために、軍事研究に従事する人が出てきた時、個人の良心に頼るのは難しいでしょう。

機動旅団八福神：福島聡のマンガ。エンターブレイン。２００４年に『コミックビーム』で連載を開始。

人道に反する研究が行われていた時、外部から止めるシステムが必要不可欠です。それを担保するのは研究内容の徹底的な公開と、研究内容を逐次精査する研究者コミュニティーや批評メディアでしょう。毒にも薬にもならない技術なら問題ありませんが、有用な技術は必ず良い影響と悪い影響をもたらします。ロボットが悪いことをするパターンはＳＦの中で無数に描かれてきたので、逆に心配されすぎという面もあります。ロボットの発展を注意して見守っていきましょう。

意識をもつロボット

ロボットを研究していてときどき聞かれる質問が「ロボットは意識をもちますか？」です。答えるのは非常に難しい。意識について考えたり調べたりしていくと、なんとなくわかった気になってくる。ところが、さらに考えると1周回って「わからない」に逆戻り。この思考のらせんの先に答えはあるでしょうか。

意識とは、と考えはじめると、どうしても哲学の世界にどっぷりハマってしまいます。長く積み重ねられてきた議論を踏まえるのは大事ですが、言葉を使って内省を深めるだけでは、意識の理解には不十分なのではと思えます。意識についての議論が意識上だけで行われているという危うさです。思考実験以上の実践が必要で、ロボット作りはその手段の一つです。エンジニアのわたしとしては、意識は測れるのか、意識は作れるのか、というところに興味があります。

ロボットの意識を考えた時、わたしたち人間が生物であるという当たり前のことを思い出します。生物は無生物から地続きのものです。生物の起源がどこかにあるのと同じように、意識の起源を探すことはできないでしょうか。寝ぼけて歩いているような無意識の状態でも、コーヒーを買って電車に乗って、と日常生活を営めれば何も問題はありません。暮らしにどのように役立っているのかという観点から、なぜわたしたちが意識をもつのかを考えることができます。

意識は身体を操り意志決定を行う指揮系統の王様だという気がするかもしれません。たしかに指は意識した通り動くかもしれませんが、胃や腸は自分の身のうちにも関わらず状態がつかめず、思い通りにはなりません。体温を調節したり唾液を出したりするのも、いつの間にか起こっています。呼吸はある程度思い通りになりますが、吸って吐いてといちいち意識しているわけではありません。意外と、身体の状態や自分が実行したことは意識上で把握できていないのです。

潜在意識※に関してはおもしろい研究があります。好ましいと思い選ぶことは、まさに意志決定であるという気がしますが、必ずしもそうでないということを示唆する実験です。人間の顔写真を2枚提示されて、好ましいと思う方を選び、心が決まった時点でボタンを押すようにいわれます。その時、ボタンを押すタイミングのほか、2枚の写真の間で揺れ動く視線も計測されます。そうすると、ボタンを押すより早く、視線はすでに選ぶ顔写真に偏っているというのです。つまり、選ぶという意識的な行動よりも視線の方が早いのです。しかも、選んだ後に、被験者は選んだ理由を説明することもできたといいます。意識が行動の起点なのではなく、身体が実行したことを後から説明するのが意識の役割ではないかと思わせる事例です。

ここから出てくる仮説は、意識は脳の機能の一つで、しかも司令塔ではないということです。他の脳活動を束ねて追認し、つじつまを合わせているように見えます。意志決定と意識は必ずしも同一ではありませんが、興味深い知見です。

ここからはわたしの妄想ですが、意識は記憶と連動しながら、行動と情動を対応づけ、注意や意志決定に関わることで、一貫性のある人格を形作っているのではな

潜在意識：下條信輔著『サブリミナル・マインド―潜在的人間観のゆくえ』（中公新書、1996年）より。

いでしょうか。一貫性のある人格は、社会性にも役立ちます。ロボットが意識をもたないと、ロボットのいうことが支離滅裂で付き合いづらいとか、あのロボットは何を考えているのかわからないといった問題が出てくるかもしれません。ロボットが真に役立つようになるには、認識と行動の結果に筋を通す意識の機能が必要とされるでしょう。

人工意識

人間の意識はどこにあるのでしょうか？　意識の座は脳だと考えられています。意識と脳活動の関係を調べることが行われていますが、意識のある時に脳のある部分の活動が相対的に活発だとわかっても、意識の正体はわかりません。意識がどんな情報処理と関係しているか、という疑問に答えることが現在の脳科学の研究で行われている挑戦です。

最近は、意識の量を測ろうという研究も始まっています。それが、意識の統合情報理論（ＩＩＴ：Integrated Information Theory）と呼ばれる枠組みです。脳機能の大半は、ニューラルネットワークの情報処理によって実現されますが、ＩＩＴにおける意識の量は、神経活動の中から統合的な情報伝達の構造を抽出することで得ます。統合情報理論は２００４年に発表され、２００８年にはＩＩＴ２・０が、２０１４年にはＩＩＴ３・０が発表されています。これからもアップデートされていくでしょう。

人間の意識について理解が進めば「人工意識」を作ることができるかもしれません。ただし、コンピュータの中に人工意識を作ることができても、それがわたしたちにとって意味のある応答をするかはわかりません。統合情報理論では、ニューラルネットワークへの入力がどんな意味をもち、出力がどんな行動をもたらすのかは、切り離して考えるのがミソです。人間との関係の中で意味をもつ人工意識は、身体をもったロボットに実装することになるでしょう。

ロボットは意識をもつか？　わたしはもつと思います。ただし、知識や機能を増やせば自然と意識が発生するかというとそうではないでしょう。意識は機能の一つとして、明確に実装されなければ現れないでしょう。意識をもったロボットが便利とは限りません。自意識過剰なロボットは、人間の役に立たないかもしれません。

こうしてロボットの意識について考えることは、人間自身の理解にもつながります。あなたは意識をもっていますか？　そのことを、他人に説明するにはどうしますか？

ロボットの急所

心配性の人は、そろそろロボットの反乱に備え、戦い方を考えているでしょうか。ロボットの反乱が起こっても生き延びられるサバイバル術を考えてみましょう。

ゾンビ映画では、ゾンビを完全に止めるには頭を狙うのが大体のお決まりです。ロボットが暴走したとしましょう。ロボットを一発で止めたかったら、どこを狙うのがよいでしょうか。

人間は頭部に脳やその出先器官としての目鼻口が集まっています。それは進化的な歴史が背景にあります。一方、ヒト型ロボットの設計には進化的なしがらみはなく、自由です。例えば、人間の目は頭に二つしかありませんが、アシモは足元を見るカメラがお腹にもついています。脳にあたる計算機も頭部に入れる必要はありません。なんなら、尻に脳が入っている、心臓の位置に脳が入っている、というヘンな設計でもOKです。小型のロボットであれば、計算機は外に置いてあって身体とケーブルでつながっていることもあります。

転ぶと強打するような高い位置に計算機を載せるのは、得策ではありません。実際、ヒト型ロボットでは、カメラは頭に載せますが計算機は胴体に入っていることが多いでしょう。ロボット「ペッパー」は、情報処理を行うCPUが頭部に入っています。これはちょっと珍しい。ただし、CPUは熱くなるので、冷却ファンで頭を冷やす必要があります。頭部にはマイクがあるので、気をつけないとファンの回転音がうるさくて耳が悪くなってしまいます。ロボット掃除機などは、騒音がひどいので、音声対話しようと思ったら掃除をひと休みする必要があるでしょう。

ロボットに近いものとして、スマートスピーカーがあります。話しかけると、それなりに答えてくれる対話システムです。人間と話すように、あなたはその機械と話している気持ちでいます。さて、あなたの会話の「相手」はどこにいるのでしょうか？　もちろん目の前の機械なのですが、その賢さはどこにあるでしょうか。スマートスピーカーはインターネットや携帯電話通信網の圏外では動きません。実は、音声認識を行い、返答を考えているのは遠く離れたクラウドサーバーであって、スマートスピーカー自身ではないのです。

2015年に発売されて日本おもちゃ大賞※をとったタカラトミー「ヒミツのクマちゃん」というクマ型ロボットがありました。デモでは、価格に見合わない高い会話能力を見せたこのロボットですが、その秘密は、少し離れた場所から大人がトランシーバーでクマになりきって話すということでした。

生物では、脳と感覚器は物理的な信号線、つまり神経でつながっています。だからこそ、頸椎や脊椎を損傷して神経が切れると、信号が途切れてしまって身体の一部が動かせなくなり、感覚も伝わってこなくなります。

ロボットは無線が使えますので、計算機が物理的につながっている必要はありません。大きな計算機をロボットがそれぞれもつのではなく、通信機能だけをもっていて、どこかの大きな計算機にどう反応すればいいのか指示を受けるだけでも成り立つのです。これがクラウドコンピューティングを利用したクラウドロボティクスです。

日本おもちゃ大賞：日本玩具協会が2008年に創設した賞。玩具産業の活性化を目的とする。初代大賞はセガトイズ「おみせでおかいものおしゃべりいっぱいアンパンマンレジスター」。

ロボットを一発で止めたかったら、どこを狙うのがよいか。その答えは、計算機部分です。しかし、計算機の場所もさまざまで、なかなか手強くなってきているのは確かなようです。

人工知能を描く

人工知能は無形です。それを視覚化する工夫、つまり、身体を与えることがいろいろと試されてきました。ＳＦ映画での人工知能の古典的な描かれ方は、『２００１年宇宙の旅※』に登場する「ＨＡＬ ９０００」に代表されるような、コンピュータの動作を表す光の点滅や動作音、そして無機質な音声でした。人工知能の描き方として、人間の姿を与えるということが頻繁に行われてきました。

人工知能学会※という、人工知能関連の研究者が所属する学術団体の機関紙『人工知能』が２０１４年にリニューアルされました。その第1号の表紙は、女性型のお手伝いロボットがほうきを握る姿のイラストでした。人工知能と知能ロボットの

２００１年宇宙の旅：１９６８年のアメリカ映画。監督はスタンリー・キューブリック。脚本にはアーサー・C・クラークも参加。映画公開後に発表されたアーサー・C・クラークによる同タイトルの小説もある。

人工知能学会：１９８６年に設立。学会誌の定期刊行、研究会、セミナーなどを開催。正会員は４６００人（２０１９年3月現在）。

未来像として、使役される女性・家事に縛られる女性の似姿を採用したことに、一般からの反発が起こりました。あらゆる可能性がある「人工知能」にその姿を与えたことの意図、そしてメッセージが問われたのです。

ヒトの姿を与えられた人工知能は、映画『A．I．※』でも見られます。主人公はAI搭載の子供型ロボットです。養子として作られたのですが、人間の子供を危険にさらしたということで手放され、中古ロボットとしてサーカス団に捕まってしまいます。職業柄、端正な顔立ちに作られたジゴロ・ロボットも出てきます。主人公はロボット破壊ショーに出演させられるのですが、その見た目によって同情を買い破壊を免れます。『鉄腕アトム』でも、アトムは天馬博士の養子として作られましたが、疎まれ、サーカスに行き着くというエピソードがあります。

人間の形に対して、わたしたちは特別な認知をするようです。ペンギンの顔は見分けがつかなくても、人間の顔はひとりひとり違って感じられます。積み木を崩すのは平気でも、人の形をしたロボットの手足をもぎ取ることには倫理的な抵抗を感じます。

マンガ『オートマン※』では、ロボットが労働者として浸透した未来社会が描か

A．I．：2001年に公開されたアメリカ映画。監督はスティーヴン・スピルバーグ。企画自体はスタンリー・キューブリックといわれている。

オートマン：中村ミリュウ作画のマンガ。講談社。作家作刈湯葉の原作としても話題に。2018年に『コミックDAYS』で連載を開始。

れます。ロボットは人間のような手足をもつものの、胴体と頭が一体化していて首にあたる部分がなく、クルマのフロントを思わせるデザインです。その理由も、作中で示されていません。たとえ人工物でも、人間らしい姿のロボットを買って、使って、捨てることへの忌避感があるというのです。さらには、人間のさまざまな肌の色を連想するような黒色・黄色・白色は、ロボットのカラーリングとして避けているという描写も出てきます。これにはリアリティを感じます。

ロボットの描き方は、その時の社会を反映しているといえるでしょう。

ヒト型ロボットを作っていいのか

ロボットを作っていると、人間はなぜこんな形をしているのか、人間はなぜこんな習慣をもっているのか、とても不思議になることがあります。

ときどき「欧米では神の似姿である人間をまねた機械を作ることはタブー視されている」という説がまことしやかに語られますが、ヒト型ロボットが避けられているとは思いません。ロボットの歴史の初期には「テレボックス」というしゃべるヒト型のロボットが人気を博していますし、ファンタジーの中でも、映画『禁断の惑星※』のロビーや、テレビドラマ『宇宙家族ロビンソン※』のフライデー、映画『スター・ウォーズ※』シリーズのC－3POなど、ヒト型ロボットは相棒として親しまれています。そもそも、ヒト型がタブーなのであれば、おもちゃの人形や、操り人形もダメになってしまいます。

我が国の研究機関、産総研ではヒト型ロボットのシリーズHRPが開発されています。2009年に発表されたHRP－4Cというバージョンは、それまでのシリーズとちがって、リアルな顔の女性型ロボットでした。このロボットの発表に対しても一定の反発があったようです。わたしたちの姿形はもって生まれたものです。しかし、ヒト型ロボットは隅から隅まで誰かがデザインしたものです。ロボットをデザインすることは、とくにヒト型ロボットの場合、考えようによってはとても重い責任が問われる行為です。

ロボットの体型はどうしたらいいでしょうか？　髪の長さは？　各種の毛はそもそも必要でしょうか？　モータで動くロボットに、筋肉のような隆起は必要でしょうか。授乳しないロボットに乳房のような隆起は必要でしょうか。人間の生物らし

禁断の惑星：1956年に公開されたアメリカ映画。監督はフレッド・マクラウド・ウィルコックス。SF作品として評価が高い。

宇宙家族ロビンソン：1965年から3年間放送されたアメリカのテレビドラマ。原案はアーウィン・アレン。1998年には『ロスト・イン・スペース』というタイトルで映画化。2018年には映画と同じタイトルでドラマ化。

スター・ウォーズ：ジョージ・ルーカスによる構想のSF映画。1977年にエピソード4が公開され5、6、1、2、3と続く。ルーカス

さはディテールのいたるところに現れます。胎生であることの証であるヘソはロボットに必要か。子を育てる乳首は必要か。そもそもロボットに性別はないのに女性型・男性型と呼ぶ必要はあるか……。無数の疑問が湧いてきます。

何かを選び取るということは、思想や好みが混入しますし、逆に感情や嗜好がなければ選択と決定はランダムでしかありえません。姿を選び、発表するという行為に、人間による人間の見方が現れてしまうのです。

HRP－4Cは、プロポーションの決定に「日本人人体寸法データベース1997－1998」の青年女性の平均値を参考にしています。デザインの恣意性を排除して、客観に寄せたということです。これはデザインの放棄ともいえますが、個人の表現ではなく大きな研究プロジェクトの成果なので、合理的な判断といえるでしょう。

目的は異なりますが、石黒浩※博士が自らの姿に似せて開発しているアンドロイドも、デザインしないデザインの、ひとつの解でしょう

ロボットの姿が、わたしたちの映し鏡であるならば、それは押し広げれば、わたしたちの社会の映し鏡でもあります。ロボットのデザインが社会問題になることも

フィルム制作。2012年にウォルト・ディズニー・カンパニーがルーカスフィルムを買収し、2015年のエピソード7からはジョージ・ルーカスが製作総指揮を離れる。

HRP-4C

石黒浩：大阪大学院基盤工学研究科教授、石黒浩特別研究所客員所長。テレノイド、コミュー、ジェミノイドF、エリカ、機械人間オルタなどのロボットを開発。

あるでしょうし、「ドラえもん」のように長く愛されるロボットが生まれることもあるでしょう。ロボットのデザインがどうなっていくのか、その進化が楽しみです。

ロボット語を習う

コミュニケーションのために語学を習う時、話者の多い英語を使えれば便利です。話者の多さということでは、話者の多い中国語も人気でしょう。そろそろ同時翻訳機も実用に達するかもしれません。近年、機械学習による翻訳の質は格段に上がっています。10年後には、同時通訳が人間ではなく人工知能の仕事になっていてもおかしくはありません。

人間同士ではなく人間とコンピュータの間で使われる言語にプログラミング言語があります。プログラミング言語とは、計算機の解釈できる命令列を、人間が見やすく書くための文法と書式のこと。プログラミングが義務教育のカリキュラムに入ってからもう随分経ちます。プログラミング言語には、「ｉｆ」や「ｗｈｉｌｅ」

などの英単語が使われているので、0と1のビット列や、省略された命令語を使うアセンブリ言語などに比べたら、読みやすい文字列といえるでしょう。しかし、人間にとって自然な言語とはいえず、コンピュータに人間が合わせている、そんな印象を受けます。

すでにわたしたちは、機械のための特別な言葉を覚え、話し始めています。「OK Google」「Alexa」これらはスマートスピーカーが発話の開始を認識するための、特別なフレーズです。人間であれば、「ねえ」「〜さん、ちょっと」などの呼びかけを使います。わたしたちが、意味を失った「オハヨー」というかけ声を挨拶に使っているように、機械用の言葉が辞書に追加されるかもしれません。機械と人間との対話において、機械が人間に合わせるのでなく、人間が機械に合わせる状況が起こっています。

ロボットと対話する時はどうでしょう？　ロボットと対話するために、人間はキーボードやタッチスクリーンよりも、より自然な音声やジェスチャーを使うことを好むでしょう。その流れは、きっとこれからも続くでしょう。近い将来、英会話やパソコン教室に並んで、「ロボット会話」教室が提供されるかもしれません。ロボット用の言語といっても、プログラミング言語ではありません。ロボットに伝わるような特別な言い方や単語、特殊なジェスチャーが現れるということです。

非言語的な身ぶり手ぶりにも一種の文法があります。それは、タッチディスプレイを使う時に、1本指でドラッグ、2本指で回転や拡大縮小などが新しいジェスチャー言語として習得されているのと同じです。タッチスクリーンのジェスチャーはあまりにも自然で、小さい子供でもあっという間に慣れるので、それが苦労して学ぶ読み書き能力と同じだとは思わないかもしれません。でも、もっと複雑な入力方式、例えば3本指でドラッグすることが何を意味するのか、タッチスクリーンをノックするようなジェスチャーで何ができるのかは、自明ではありません。

ロボット同士は、電磁波で超高速にコミュニケーション（＝通信）できますから、音波しか使えない人間に比べたら、コミュニケーションが苦手ということはなさそうです。もちろん、通信規格が合わないとロボット同士も通信できません。ロボットが人間相手に発話をするのは、単に人間が電波を受信できないからです。ロボットが話す言語は、人間とロボットのインタラクションの中で醸成されていくのでしょう。それは人間とロボットが入り混じった社会でこそ起こることです。

万能ロボット

何度も取り上げている元祖ロボット本『R．U．R．』の「U．R．」とはユニバーサル・ロボットの略です。劇中、ロボットはただ一つの工場で作られており、機能的に汎用であるだけでなく、万国共通という意味でもユニバーサルでした。

実社会では、ヒト型ロボットではなく、人間の腕のような機能をもつ自動機械が1960年代になって実用化され、産業用ロボットと呼ばれるようになりました。その後、多様化して今日に至ります。最初期の産業用ロボットの一つはAMF（American Machine and Foundry）社が開発した「Ｖｅｒｓａｔｒａｎ※（バーサトラン）」です。バーサタイル（多用途）なトランスファー・マシン（搬送機械）の合成語でした。のちにAMFを買収したＰｒａｂ（プラブ）社は、この機械を汎用搬送デバイス（Universal Transfer Device）と呼びました。バーサトランと同時期には、Ｕｎｉｍａｔｉｏｎ（ユニメーション）社が、「Ｕｎｉｍａｔｅ※（ユニメート）」というロボットを発売しました。これはユニバーサル（万能）なメイト（相棒）の合成語でした。

Ｖｅｒｓａｔｒａｎ：1962年にアメリカで発売。1967年に東京機械貿易が輸入し、日本で初公開した。

Ｕｎｉｍａｔｅ：1962年にJ・F・エンゲルバーガーが開発した、世界初の本格的産業用ロボット。5軸制御、油圧駆動方式。1968年、川崎航空機工業が製造元のユニメーション社と技術提携し、日本の産業ロボット時代の幕開けを迎えた。

ロボットはその起源から、汎用性がキーワードです。汎用性は従来の道具にはないものでした。そして、汎用性の実現にはコンピュータによる制御が必要でした。計算機のプログラムを変えれば、ロボットを変えないでもロボットの動きを変えられます。プログラマブルであることが、ロボットの汎用性を支えているのです。

一方で、ロボットのプログラムをがんばって書いているのは人間ですし、プログラムを入れ替えなければロボットは別の仕事をこなせません。人間がロボットに勝てるところは、ロボットがやっているような右からは左に物を動かすことだけでなく、その気になればクルマを操縦したり、料理を作ったり、とにかく多芸であることです。

ロボットは教えられたことしかできないので、一芸に秀でています。それはロボットの融通の利かなさでもあります。板金溶接ロボットをキッチンに運んで、卵を割れといっても無理です。それは、教えられていないからです。加えて、工場では溶接、キッチンではオムレツ、という切り替えがわからないからでもあります。

コンビニエンスストアの業務は、ある意味とても「人間的」であるといえるでしょう。すごい速さで状況を判断して、レジ打ち、揚げ物、陳列など全く種類の違

う業務をこなす必要があります。

ロボットが単能というのは現状の話で、これを広げていくことが課題の一つになっています。ロボットアームというのは関節の軸の数が6~7で、これは人間の腕と同じような動きをするのに十分です。ということは、ハードウェアとして、潜在的にはロボットも多芸でしかるべきです。足りないのは、ハードウェアを使いこなす知的能力です。

今の人工知能研究は、主に特化型人工知能の研究です。チェスを打つとか、英語を日本語に翻訳するといった、ある決まったタスクをする時の性能を競い合っています。ちがうタスクを解決するには、ゼロから学習、別の人工知能を用意することが通常です。これからは、「単能」人工知能は「多能」人工知能へと発展するでしょう。

人間が言語を学ぶ時、ラテン語を勉強しておけば英語の理解が深まる、といったことがあります。機械学習では、転移学習という技術がこれにあたります。あるドメインでの学習結果が、他のドメインの学習にも役立つことがわかってきました。こういった技術は、ロボットが未知の環境に置かれても臨機応変にふるまうための土台となりそうです。

ロボットはどんどん用途を拡大していくでしょう。用途ごとにロボットを変えなくても、ロボットが臨機応変に対応してくれると便利です。本当に汎用的なロボットができれば、ある業種でクビになったロボットが「転職」することも可能になります。

ここまで、さまざまな社会問題を解決するロボットについて論じてきました。その中には、半ロボットもしくはロボットには分類されないものも含んでいます。ロボットの概念はアップデートされ続けます。「超ロボット化社会」のメンバーは、人間と多種多様なロボットです。1台1台は万能ではないかもしれませんが、ロボットの活躍する社会システム全体が、万能ロボットと同じように機能するでしょう。そんな未来をつくるのは、デザイナーであり、エンジニアであり、研究者たちです。未来をつくる人間たちにエールを送り、本書を終わりたいと思います。

解説　ロボットとのつきあいかた

本書は東京大学でロボット研究を行っている新山先生の著書である。多くの筋骨格ロボットを研究開発している新山先生は、柔らかいロボット、ソフトロボティクスの専門家だ。従来のロボットは体も、動かし方も硬い。それに対してソフトロボティクスの基本的な考え方は、ボディを柔軟な材料で構成するだけではなく、制御においても柔らかくするということがあり、従来のガチガチなロボットとは異なる可能性を拓いてくれるのではないかと期待されている。

ソフトロボットの面白いところは柔らかい部分と硬い部分との組み合わせ方だ。柔軟な材料はエネルギーを蓄積したり吸収したりできるが、外に対して力を発揮するには硬さも必要となるからだ。筆者の私見だが、柔軟さと硬さの組み合わせ方が重要という考え方は、新山先生の研究に対する基本的な姿勢の一つにもなっているのではないかと感じている。

しかし本書の主題はソフトロボットではない。昨今ブームとなっているロボット全般の解説である。といっても教科書のように網羅しているわけではなく、ロボットシーン全体を新山先生から見た雑感をまとめたものとなっている。

トーンはどちらかというと否定的で厳しい。口調こそ優しいが、達観した視点で、モビリティ、産業用ロボット、人と共存するパートナーロボット、サービスロボット、人工知能などの現状と背景の考え方が、ありのままに語られている。一言でいえば、現状のロボットには、まだまだできないことが多く、マスメディアが持ち上げるほどバラ色ではない。

もちろんロボット技術は進んでおり、以前よりできることは遥かに増えている。工場で柵のなかで動くロボットだけでなく、人と共存して動けるロボットも使われはじめている。

しかしながら様々な用途に使える汎用性はないし、扱いは非専門家が期待するほどには簡単ではない。本文から引用すると「展示会などのデモンストレーションで、ロボットが賢い動きを見せていても、使えるヤツだとすぐに思わない方がいいでしょう。将棋のできるロボットが、チェスもできるとは限りません。ロボットの実力を知るには、その動きを教えるのにどれくらい苦労したのか、できないことは何か、詳しく聞いてみることをおすすめします。」というわけだ。そこは現状をきちんと捉えておく必要がある。

本書の執筆について新山先生から相談されたとき、私は「やめたほうがいい」と答えた。「あれはできない、これもできない」といわれても、別に面白くないからである。また、なぜ諸々の技術が実用レベルに達していないのかというと、突き詰めればロボット研究が未熟だからだ。それをロボット研究をしている東大の先生がいうことは、自らを棚に上げることに他ならない。

新山先生もそれはわかっていて、敢えて私見を述べている。本書ではどれもサラッと書かれているので読み流すかもしれないが、かなり踏み込んだ意見も見受けられる。期待を過剰に持ち上げられているロボットに対して、専門家だからこそいわずにいられなかったというところだろうか。

重要なことなので再度繰り返すが、現状のロボットは何でもできるわけではないが、できることが増えていることもまた事実なのである。近い将来、ロボットを活用しない産業はなくなるだろう。そのくらいロボットは様々な仕事に使われるようになる。これはもう間違いない。また、センシング・プランニング・アクチュエーションというロボティクスの基本的な考え方は、今後幅広い分野に浸透することになるだろう。

過剰な期待を持つことなくロボットに向き合うことが、未来を切り拓くためには必要だ。研究者らしく過去にも未来にもかなり幅のある視点を持って、今後のロボットとの向き合い方を説いたのが本書である。


せっかく紙幅をいただいたので、ここで筆者からも改めてロボットの現状について述べておきたい。

今のロボットの技術的な進歩は、一言でいうと、目と足と手ということになる。これらは相互に関係がある。画像認識で従来は扱うのが難しかったものがちゃんと見えるようになり、動き回りながら実用的な速度と正確さで地図作成することも可能になった。認識結果を使って、これまでは取れなかったものを取ったり、力を感じながら作業対象を扱うことで「ちょっと捻りながら挿入する」といった、従来は人しかできなかった作業もできるようになっている。

ロボットといっても色々なものが想像されると思うが、今、活用されているロボットは主に工場で働く産業用ロボットである。

これまでの産業用ロボットの活躍の場所は、自動車組み立てや家電の組み立てなどが主だった。工場のなかでのロボットは固定設備の一部だ。床にアンカーボルトで固定されて、安全柵のなかで特別なスペースを与えられて活用されている。工程と工程のあいだは人間がパーツを運んでいることが多い。

現在、まず活用が進みつつあるのはこの部分である。工程と工程の間を移動搬送ロボットがパーツを運ぶ。本書でも述べられているように、部品をローディング／アンローディングする作業もロボットが行う。そうすることで部品をセットするときの精度も人がやるよりも高くなり、結果的に歩留まりがよくなる。

また、「協働ロボット」と呼ばれる低出力なロボットは、パワーは出ないが専用の安全柵を設けずに人と空間を共有しながら扱うことができる。そうすると、物理的にあまり余裕のない、つまり狭い工場のなかでもロボットを使える。協働ロボットも現状では省スペースロボットとして活用されているのが現状だという声もある。

ロボットの利点は汎用性だ。産業用ロボットとは基本的にはA地点からB地点へとアームを動かすだけのものなのだが、プログラムを入れ替えれば、異なる動作、異なる作業をやらせることができる。協働ロボットは床に固定されていないものが多く、台車で違う製造ラインへと移動させられる。これも従来の床に固定されていたロボットとは違う使われ方だ。中小企業では同じ仕事が同じペースで続くことは少なく、日によって仕事量が変わる。ロボットに必要に応じて異なる仕事をやらせることができれば稼働率が上がるので投資対効果を上げられる。

協働ロボットには従来の産業分野以外での活用も期待されている。完全自動化まっしぐらの物流倉庫はもちろん、もともと工程管理の考え方がある食品工場は自動機械との相性が良く、ロボット活用も積極的に進んでいる。今はまだ人がずらっと並んで作業している現場も多いが、人手不足が深刻化しているので、先進的な工場からロボット導入は始まっている。かつては価格がネックといわれていたが、人を何度も雇いなおすよりもロボットを入れたほうが安いという時代になっている。

こういう話をすると大手メーカーの技術者はすぐに「専用自動機を作ればいい」という。それは中小企業の工場にどういう課題があるのかわかってない意見だ。もちろん、専用自動機で対応できるところはそれでいい。だが需要が変動したり、受注している企業からの指示によって扱う対象がすぐに変わってしまう、つまり変種変量に対応しないといけないのが中小企業の現場である。だからロボットなのだ。

特に、人間にとっては精神的にきつい連続作業には、ロボットが向いている。人間の集中力はそんなに保たない。だがロボットは壊れはするが疲れは知らない。だからそれなりに周囲の環境を整えてやれば、人には不可能なレベルでの連続作業が可能になる。協働ロボットはパワーも出せないし速度も遅いのだが、ひたすら作業を続けることで人を上回る生産性を出すことができる。たとえば化粧品は寿命が短く、生産量が大きく変動する一方、製品に傷をつけることは許されない。そのため注意を必要とする口紅の蓋かけ作業などにロボットが使われている。

工場や倉庫だけではなく、もっと幅広く、一般的な現場での活用も始まっている。人手不足が深刻化している建築現場でのロボット活用には各社が積極的に乗り出している。重量物である天井パネル張りが主な開発ターゲットだ。

今もっとも活用が本格的に始まっているのは清掃分野だ。床掃除である。近い将来、業務用清掃でロボットを使うのはごくごく普通になるだろう。

最近の清掃ロボットは、最初にちょっとしたレクチャーさえ受ければ、あとは使いながら操作を簡単に覚えられるようになっている。このように、たとえば店舗のバックヤードで、ちょっとトレーニングを受けた人が扱うロボットは今後、もっとも伸びる分野だろう。

また、安全だが動作の遅い協働ロボットを使う領域と、パワフルかつ高速で動く産業用ロボットを活用する領域とを分離しつつ組み合わせて使うケースも出てくると私は考えている。コストと物理的な容積の制約（狭さ）との兼ね合いが重要だ。

サービス分野ではロボットに全てを任せるよりも、ロボットが8割、残り2割程度を人がやるといったような役割分担の考え方も必要だ。掃除ロボットのルンバは床しか掃除できないが、ルンバが床掃除をやってくれることで、だいぶ掃除が楽になったと感じている人は多いだろう。それと同じだ。そうはいってもルンバの世帯普及率は4・9％程度（2019年2月時点）とのことなのでわかりにくいたとえかもしれないが、8割の作業を任せられるなら十分使えると考える業界は少なくないだろう。そのような現実的な課題を見据えつつロボット導入を考えられる、サービス分野におけるロボット・システム・インテグレーターが、やがて引っ張りだこになるだろう。技術を社会に実装するのはビジネスであり、現実を変えるためには技術だけでは不十分だ。

人とロボットとの協働は一つのキーワードだ。ただし、将来はどうなるかというと、私個人はやっぱり将来は完全自動に向かうのではないかと思っている。技術的なコストは下がっていく。その流れと勢いは止まらない。今は難しいと考えられていることが、いつまでも難しいまま止まるとは考え難い。確かに、現状できないことは、まだまだ山のようにある。だがその山は徐々に削れていく。その行先がどこにあるのか。そういうことも頭の隅におきつつ、20年くらい先の未来を考えてもらいたい。ロボットのポテンシャルは大きい。

サイエンスライター　森山　和道

●著者略歴

新山 龍馬

ロボット研究者
東京大学大学院情報理工学系研究科講師

1981年生まれ。東京大学工学部機械情報工学科を卒業、東京大学大学院学際情報学府博士課程修了、博士（学際情報学）を取得。マサチューセッツ工科大学（MIT）研究員（コンピュータ科学・人工知能研究所、メディアラボ、機械工学科）を経て、2014年より現職。専門は生物規範型ロボットおよびソフトロボティクス

著書：『やわらかいロボット』金子書房、2018年7月

超ロボット化社会
ロボットだらけの未来を賢く生きる NDC548.3

2019年4月26日 初版1刷発行 （定価はカバーに表示してあります）

発行者 **井水治博**
発行所 **日刊工業新聞社**

〒103-8548 東京都中央区日本橋小網町14-1
電話 書籍編集部 03（5644）7490
販売・管理部 03（5644）7410
FAX 03（5644）7400

振込口座 00190-2-186076
URL http://pub.nikkan.co.jp/
e-mail info@media.nikkan.co.jp

写真提供 森山和道
本文デザイン 志岐デザイン事務所・熱田 肇
印刷・製本 新日本印刷（株）

落丁・乱丁本はお取り替えいたします。
2019 Printed in Japan ISBN978-4-526-07976-4